KB002737

The Secret of Good Wine

맛있는 와인의 비밀

과학으로 풀어보는 와인 시음 이론

최 해 욱 지음

光 文 閣
www.kwangmoonkag.co.kr

"Le vin est la plus saine
et la plus hygiénique des boissons!"

(와인은 가장 신성하고 깨끗한 음료이다.)

Louis Pasteur(1822~1895)

서문

The Secret of Good Wine

와인을 접한 지 올해로써 14년, 그간 레스토랑의 와인 담당에서 와이너리 잡부를 거쳐 대학에서 강의까지 하게 되는 동안 제 머릿속에서 항상 떠나지 않던 와인에 대한 질문들을 이 책을 쓰며 정리를 해보는 계기가 되었습니다.

프랑스 정착과 더불어 흥미로 시작한 와인을 본업으로 전환하면서 정식으로 공부를 하려다 보니 Oenologie(와인 양조학)가 가장 어려웠었고, 부족한 외국어 실력으로 인해 이를 극복하고자 더 노력을 쏟다 보니 어느덧 와인 양조 기술사 자격(Diplôme National d'Oenologue) 취득과 더불어 프랑스 현지의 와이너리에서 기술자로 일할 수 있는 기회도 가지게 되었고, 결국은 와인 종주국인 프랑스에서 Oenologie 전공으로서 박사 학위 과정까지 끝냈지만 아직까지도 부족하게 느껴지는 와인에 대한 갈증은 멈추질 않습니다.

그간 국내에도 많은 와인 관련 서적이 출간되었지만 단순한 와인 서비스를 위한 시음 요령이나 요리에 어울리는 와인 선택에 관한 서적을 제외하고 와인 자체의 품질평가를 다룬 전문적인 서적을 국내에서는 찾아보기 어려웠는데 이는 와인의 객관적인 품질평가를 위해 필요한 Oenologie의 개념을 지닌 독자층이 두텁지 않았기 때문이었습니다.

이에 제가 프랑스에서 공부하고 연구하며 정리했던 자료와 여러 시음회에 참가했던 경험, 그리고 현지 와이너리의 실무 경력을 바탕으로 독자 여러분께 와인의 절대적인 품질에 대한 이해와 평가에 대해서 설명해 드리고자 이 책을 구상하게 되었습니다. 이 책은 현대 와인 양조학의 대부인 Emile Peynaud 박사가 쓴 시음학의 바이블이라 할 수 있는 《Le goût du vin》과 INPT(Institut National Polytechnique de Toulouse) 대학원 과정에서 시음학(Analyse Sensorielle)을 지도하셨던 Pierre Casamayor 교수님의 강의 내용, 그리고 몇몇 추천할 만한 원서를 바탕으로 제가 작성해서 그간 대학에서 사용했던 강의자료를 덧붙여 엮었습니다.

이 책의 쉽게 이해하시기 위해서는 기초적인 Oenologie나 식품화학에 대한 개념이 조금은 필요합니다. 처음 접하시는 분들을 위해 제가 처음 와인을 접하던 때를 상기하면서 최대한 쉽게 설명해 드리고자 노력하였고 아울러 흥미로운 읽을거리와 더불어 심도 있는 내용을 첨부한 심화 과정도 삽입하여 다양한 수준의 독자들이 어려움 없이 책을 이해하실 수 있도록 꾸몄습니다. 기초 수준의 독자들께서는 처음 읽으실 때 심화학습은 건너뛰고 읽으셔도 내용의 연결에 무리가 없도록 전반적인 구성에 만전을 기하였습니다. 기본적인 원어로는 불어를 바탕으로 썼으나 영어나 한국어도 보충하여 사용하였습니다.

그리고 저를 지도해 주신 Toulouse 3대학교의 J-P Souchard 교수님, INPT의 P. Taillandier 교수님, A. Martinez 교수님과 이 책이 출간될 수 있도록 도와주신 도서출판 광문각 박정태 대표님께 감사드립니다.
책의 내용 중 잘 이해가 가지 않거나 궁금하신 점은 제 메일(solaire91@

naver.com)이나, Facebook(Hae-wook Choi)으로 질문 주시면 성심껏 답변해 드리도록 하겠습니다. 마지막으로 이 책을 선택해 주신 모든 독자분께 감사드리고 품고 계신 큰 꿈과 뜻을 펼치실 수 있도록 기원드립니다.

2016년 10월 매향리에서
저자 최해욱

목 차

The Secret of Good Wine

PART 7 와인의 종류에 따른 특성 …………………… 171

PART 8 주요 와인 용어 ………………………………… 209

시음(관능평가)이란

The Secret of Good Wine

마시는 행위는 정신적으로 즐기며 본능적으로 육체적인 만족감을 얻는 행위에서 기인하는 것입니다. 먼 옛날 와인이 단순한 음료로서의 기능을 탈피하고 종교적으로 신성시되던 존재를 넘어서 오늘날 미식(Gastronomie)의 중요한 한자리를 차지하게 되면서 미각적인 평가는 와인의 품질평가에 필수적인 요소가 되었습니다. 아울러 와인이 지닌 복합적인 성분들로 인한 건강에 대한 긍정적인 작용이 최근 들어 속속히 밝혀지면서 갈증을 해소해 주는 단순한 기능을 넘어선 복합적인 기능성으로 인간에게 만족감을 주는 존재로 변화를 지속해 왔습니다.

시음이란 앞서 언급한, 마시는 것과는 구분되는 한 차원을 넘어서는 행위입니다. 이 쾌락(Plasir)적인 행위는 미감을 통하여 단지 인간만이 느낄 수 있으며 학습에 의한 지식의 축적이 없이는 불가능한 행위입니다. 시음을 하며 얻을 수 있는 쾌락은 와인 향(Arôme)의 감별, 풍미(Saveur)의 인식, 와인 스타일과 숙성되는 시간이 지나가며 생기는 변화(Evolution), 마지막으로는 영혼적인(Esprit) 교감입니다.

그러나 와인이 가지고 있는 이러한 영역은 너무나도 방대하고 깊어,

처음부터 모든 것을 한 번에 알아가기에 인간은 너무나도 부족해 보입니다. 이 책을 펴든 독자 여러분은 오랫동안 모래사장에서만 머물다가 와인이라는 대양으로의 떠날 준비를 마친 분들입니다. 그럼 우리 함께 출발해 보도록 하겠습니다.

PART

포도와 와인의 성분

The Secret of Good Wine

CHAPTER 1

포도와 와인의 성분

The Secret of Good Wine

와인은 포도를 구성하는 유기 성분들이 주가 되어 만들어진 음료입니다. 이 성분들은 대체로 포도가 생산되는 환경(기후, 토질 등)과 경작 방법(시비법, 전지법 등)에 따라 동일한 품종이라도 각기 다른 구성과 함량을 가지게 됩니다. 이렇게 생산된 포도의 품질과 이를 와인으로 만드는 양조 기술에 의하여 최종 생산품인 와인의 품질이 결정되는 것입니다. 이때 포도 성분에 대한 분석은 생산 원료의 품질관리 차원에서 그리고 완제품인 와인의 성분은 식품으로서의 품질을 인증하고 관리하는 데 있습니다. 물론 중간 단계인 와인 생산 과정에서의 품질관리는 더욱 중요한 것임은 말할 것도 없습니다.

포도와 와인의 구성 성분에 대한 학습은 Oenologie와 시음학에서 가장 기본이 되는 부분이지만 화학적인 지식이 필요한 부분이기에 비자연과학 전공자들이 가장 어려워하는 부분입니다. 그러나 와인을 구성하는 성분과 이에 따른 특성을 명확하게 파악하지 못한다면 관능적으로도 감지할 수 있는 정확도와 더불어 표현할 수 있는 능력도 현저하게 감소하게 됩니다. 이 장에서는 포도와 와인을 구성하는 물질 중 와인 시음 시에 알아두셔야 할 성분을 중심으로 간략하게 설명했습니다. 모든 단원의 마지막 부분에는 일목요연하게 정리한 표를 삽입해서 꼭 필요한 학습 내용을 정리했습니다.

1. 알코올(Alcool)

알코올은 탄화수소 골격에 OH기가 한 개 이상 결합된 것을 총칭합니다. 와인에는 30여 종류의 알코올이 존재하며 에스터(Ester)와 더불어 숙성향인 부케(Bouquet) 형성에 매우 중요한 역할을 하고 있습니다. 주성분인 에탄올(12~14%)을 비롯하여 극소량의 메탄올과 향기를 나타내는 중요한 성분인 고급 알코올과 테르펜(Terpene)계 알코올 등으로 구성되어 있습니다.

포도 껍질의 가수분해 과정 중에 생성되는 메탄올은 인체에 끼치는 독성 때문에 유럽에서는 허용 한계치[1]가 정해져 있습니다(레드 : 0.25%, 화이트 0.2%). 고급 알코올은 탄소 수가 3개 이상인 알코올을 지칭하며 주로 와인 발효 시 에리히(Ehrlich)[2] 반응에 의한 아미노산의 분해 과정에서 주로 생성됩니다. 이들은 와인에 상대적으로 무겁고(잘 증발하지 않는) 달콤한 뉘앙스를 가지며 청주나 사케와 같은 쌀 발효주의 주된 향기 성분입니다. 테르펜계 알코올은 뮈스까(Muscat) 품종의 포도에서 장미나 바이올렛 향을 나타내는 대표적인 방향 성분입니다.

OH기가 두 개 이상인 다가 알코올(Poly-alcohl)은 수확한 포도의 질에 따라 상당히 다른 비율을 보입니다. 건강한 포도에는 함유량이 적으며 대

---

1) 1954년 프랑스에서 메탄올 400ppm 이상을 발생시키는 포도 품종의 경작을 법적으로 금지시킴(Noah, Othello, Isabelle, Jacquez, Clinton, Herbemont)
2) Paul Ehrlich (1854~1915) : 독일의 과학자, Nobel 생리 · 의학상 수상(1908)

부분이 발효 중에 생성됩니다. 특히 에탄올 다음으로 풍부한 글리세롤(6~10g/L)은 3개의 OH기를 가지는 와인의 풍만감(Moelleux)에 커다란 영향을 주는 성분입니다. 이는 귀부병(Pourriture noble)에 감염된 포도에서 증가(20g/L)하여 귀부 와인의 품질에도 커다란 영향을 줍니다.

2. 당

대부분 단당류인 포도당(Glucose)과 과당(Fructose)으로 구성되고 포도당은 대부분 발효 공정에서 소진되므로 와인에 남아 있는 잔당의 대부분은 과당으로 구성되어 있습니다. 와인 속의 대표적인 이당류인 설탕(Sucrose)은 대부분 가수분해로 인하여 소모되므로 만일 와인 원액에 5g/L 이상 함유되어 있다면 인위적인 설탕 첨가인 가당(Chaptalization)[3]이 이루어진 것으로 판단할 수 있습니다.

이외에도 효모에 의해서 사용되지 않는 비발효성 당[4]들이 OH기와 결합한 형태로 많이 존재하고 있습니다. 대표적인 것으로는 우리에게 껌으로도 잘 알려진 아라비톨(Arabitol), 자일리톨(Xylitol) 등이 있습니다.

또한, 단당류들이 결합되어 이루어진 성분으로는 펙틴(Pectine)이나 셀룰로오즈(Cellulose)로서 포도의 섬유질 부분을 형성합니다. 이들 중 가끔씩 양조 과정 중에 분해가 되지 않는 성분들은 콜로이드(Colloid)를 형성하여 와인을 탁하게 만들기도 합니다.

---

3) 프랑스 농림부 장관인 Chaptal(샵탈)의 이름을 딴 가당 작업
4) 주로 삼, 사, 오탄당들로 효모에 의해서 발효되지 않음

3. 질소 화합물

효모의 생육에 필수적인 영양 성분인 질소 화합물은 포도즙(Mout)에 0.5~5g/L가량 함유되어 있으며 화이트 와인의 2차 향 생성과 샴페인의 거품 생성에 매우 중요한 역할을 합니다. 와인 내의 질소 화합물은 대부분 포도에 포함되어 있지만 리 숙성(Elevage sur lie)[5] 방식을 적용해서 화이트 와인을 만들 때 죽은 효모의 세포막(Cell membrane)이 자가분해(Autolyse)되면서 그 안에 있던 단백질들이 와인에 녹아들어 풍만감(Moelleux)을 증가시킵니다. 대표적인 리 숙성 공법을 적용하는 샴페인은 양조 시에 병돌림(Remuage)[6]에 의한 와인과 효모의 접촉으로 인하여 이 작용이 촉진되고 이로 인한 가스 용해도의 증가로 인하여 거품의 품질이 결정됩니다. 화이트 와인의 양조 시에 질소 성분이 부족하다면 와인은 과실 향을 띠는 에스터(Ester) 계열의 향기보다는 비교적 단순한 느낌을 지닌 고급 알코올 계열의 향기 생성이 촉진되므로 바람직하지 못하게 됩니다.

최근에는 질소 화합물의 하나인 에틸 카바메이트(Cabamate d'ethyle)가 발암물질로 인식되면서 미국 식약처(FDA)에서는 15μg/L 이하로 규제하고 있고 역시 독성물질로 신장에 변성을 야기하는 오크라톡신(Ochratoxin)은 2μg/L로 OIV[7]에서 규제하고 있습니다. 2005년 ONIVIN과 ITV가 프랑스 와이너리의 약 5%가량이 이 증상에 감염됨을 보고하였습니다.

---

5) 죽은 효모와 화이트 와인을 함께 숙성시키는 공정
6) 샴페인 양조 시 병목을 돌려주는 공정
7) Organisation Internationale de la vigne et du vin : 국제와인기구

4. 비타민(Vitamine)

와인에 포함된 비타민은 대부분 효모나 박테리아의 증식에 도움을 줍니다. 비타민 B_1(Thymine), B_8(Biotine), 비타민 H는 효모(Levure)의 알코올에 대한 저항성을 증가시켜 높은 알코올 도수의 와인이 생산을 가능하게 합니다. 비타민 B_2(Riboflavin), B_9(Acide folique)는 젖산균(Bacterie lactique) 증식에 영향을 주어 젖산 발효를 촉진합니다. 아울러 비타민 C(Acide ascorbique)[8]는 항산화 조효소로서 와인에 아황산의 첨가를 감소시키기 위해서 대체재로 사용됩니다. 비타민 성분은 물론 우리가 와인을 마실 때 우리 몸에도 좋겠지요?

5. 효소(Enzyme)

포도에 내재해 있는 산화효소들은 포도의 수확 시 품질에 커다란 영향을 줍니다. 특히 대표적인 산화효소인 티로시나제(Tyrosinase)와 라카제(Lacase)는 포도즙의 내부 성분(폴리페놀 등)을 산화시켜 생산되는 와인의 품질을 떨어뜨릴 수 있습니다. 특히 기계적인 방식으로 수확된 포도는 수확 당시에 과립이 과경으로부터 떨어져 나가면서 포도의 산화가 시작되지만 수작업으로 수확된 포도는 수확 후 제경 파쇄기에 들어갈 때까지 산화효소에 의한 포도의 산화작용이 억제되어 기계적인 방식보다 더 양호한 포도즙을 얻을 수 있습니다. 이외에도 양조를 원활하게 하기 위해서 인위적으로 첨가하는 펙티나아제(Pectinase), 글루카나제(Glucanase)와 같은 효소는 포도 내부의 다당류를 분해하여 와인의 수율을 높이고 혼탁도를 낮추는 역할을 합니다. 이외에도 특히 리소짐(Lysozyme, 허용치 0.5g/L)은 젖산균을

---

8) 아스코브산, 250mg/L까지 허용

분해하여 젖산 발효를 종료시키는 역할을 합니다.

6. 미네랄과 이온

와인에 포함된 음이온은 염소, 인산기 등이 있으며 와인의 보존을 위해 첨가하는 아황산(SO_2)과 그 이온(HSO_3^-, HSO_3^{-2})들 역시 이 범주에 속합니다. 양이온은 칼륨(전도도), 나트륨, 마그네슘, 칼슘, 철, 구리와 이외에도 미량원소로 망간, 아연, 알루미늄 등이 있는데 이들은 전도도 검사를 통하여 압착 와인의 품질을 평가하는 지표로 사용되거나 발효를 일으키는 미생물의 생육을 돕는 역할을 합니다. 이들은 와인의 여러 가지 맛 특히 짠맛에 영향을 주는 것으로 보고[9]되고 있으며, 일정량이 초과 시에 인체에 중독 현상을 나타낼 수 있어 각 국가에서는 와인을 수입할 때 이 항목을 필수적으로 검사합니다.

7. 유기산(Acide organique)

포도가 생산된 지역의 기후, 품종, 접목법, 칼륨의 양, 와인 양조법에 따라 차이 커다란 차이를 보이며 와인의 품질을 평가하는 중요한 요소입니다. pH와 총 산 함량, 휘발산 함량으로 정량적인 분석을 하며 산미를 이용하여 시음을 통한 검사를 합니다. 와인의 산은 주석산과 사과산이 대부분(90~95%)을 차지하며 구연산을 합쳐 3대 산을 이룹니다. 이들은 주로 포도의 결실 과정 중 생성되었으며 이외에 초산, 젖산, 숙신산 등은 와인 양조

---

9) Lallemand Oenologie(2012)

과정 중에 생성된 산들과 함께 와인의 산도를 결정합니다. 산들은 와인의 내부에서 H^+이온의 형태로 적정 pH를 유지하여 레드 와인에서 안토시아닌이 붉은색을 유지할 수 있도록 해주며 잡균으로부터의 오염을 막아서 와인의 보존성을 높이는 역할을 합니다.

와인의 산도는 와인 내부의 정량 가능한(Titrable) 산 중 휘발산을 제외하고 한 가지 산으로 통일하여 표시합니다(유럽 : 황산, 한국 : 주석산). 초산(95% 차지)으로 대표되는 휘발산(Acide Volatile)은 주로 와인의 오염으로 인한 박테리아나 잡균으로부터 생성되어 와인의 음용 적합성을 나타내는 중요한 척도이며 유럽연합(EU)에서 한계 허용치(화이트 0.88 mg/L, 레드 0.98mg/L)가 정해져 있고 이를 초과할 경우 등급에 관계없이 와인의 유통이나 음용이 금지되어 있습니다.

8. 폴리페놀

와인의 구조감(Structure)에 영향을 주는 폴리페놀은 크게 페놀산(Acide phenolique)계와 플라보노이드(Flavonoide)계로 나뉘는데 페놀산계는 수용성 타닌(Tanin hydrolisable)으로도 불리며 다시 세부적으로 벤조익산(Acide benzoique)계와 시나믹산(Acide cinnamique) 계열로 구분됩니다. 이들은 비교적 간단한 구조를 가지고 있으며 주로 숙성 시 오크(나무) 통에서 추출됩니다.

반면 플라보노이드계열은 축합성 타닌(Tanin condensé)으로도 불립니다. 플라보놀(Flavonol, Hydroxy-3-Flavone)이라는 단량체로 구성되고 주로 포도의 껍질에 분포하며 함량과 구조에 따라 와인의 구조감(수렴성)에 영향을 줍니다.

이외에도 적색 색소를 나타내는 안토시아닌은 와인의 산도(pH)에 따라

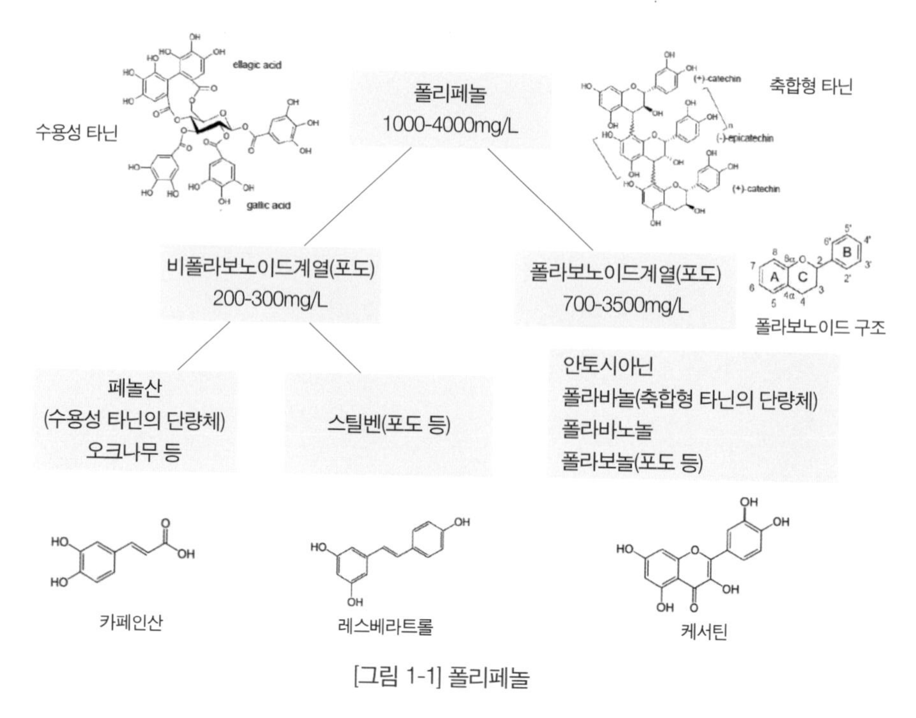

[그림 1-1] 폴리페놀

색상이 달라짐으로써 와인의 품질을 시각적으로 판별하게 해줄 수 있는 역할을 합니다. 항암 및 항증식성(레스베라트롤) 작용에도 커다란 기여를 하는 폴리페놀은 와인의 구성 요소 중 가장 중요한 부분으로서 미각 부분에서 더 자세하게 설명하도록 하겠습니다.

9. 에스터

향기(Aróme)를 구성하는 중요한 요소로서 알코올과 산의 에스터화(Esterification)로 형성되며 와인의 1, 2, 3차 향을 구성하는 가장 중요한 성분입니다. 특히 오크 숙성 과정 중에 생성되는 향기 성분으로는 나무 향이나 코코넛 향을 주는 베타락톤(β-Lactone), 정향의 주성분인 가이아콜

(Gaïacol), 토스트 향을 나타내는 알데히드 퓨라닉(Aldehyde furanique) 등이 있습니다.

10. 결점을 나타내는 냄새(물질)

대표적인 와인의 결점을 나타내는 곰팡이와 이끼 냄새의 주성분인 제오스민(Geosmine)은 역치 농도 20~60ng/L가 불과하여 비록 소량이라 하더라도 와인의 관능적인 품질에 심각한 영향을 줍니다. 역시 부쇼네(Bouchonné)로 잘 알려진 TCA(2, 4, 6 -Trichloroanisole)의 경우도 역치[10] 농도가 불과 1.5~8ng/L에 달하며 자극적인 냄새로 인하여 와인을 음용 불가 상태로 만듭니다. 매년 전 세계의 약 4%가량의 와인이 이 증상에 감염되는 것으로 알려져 있습니다.

---

10) 감각에 인지될 수 있는 최소한의 농도, 낮을수록 더 잘 감지된다

[표 1-1] 와인의 주요 성분

성분	역할	함량	감각
알코올	메탄올 : 독성 물질로 제한치 에탄올 : 와인 보존, 풍만감 테르펜알코올/고급알코올 : 방향 성분 글리세롤 : 풍만감	10~14%Vol.	미각 (풍만감)
당	포도당/과당 : 에탄올 생성 및 단맛 비발효당 : 단맛	수g/L	미각 (풍만감)
질소 화합물	단백질 : 효모 증식, 풍만감, 거품 생성 아미노산 : 효모 증식 에틸카바메이트 : 발암물질로 제한 오크라톡신 : 독성물질로 제한	수g/L	미각 (풍만감)
비타민	비타민B_1, B_8 : 효모 증식 비타민B_2, B_9 : 젖산균 증식 비타민 C : 와인 보존	미량	-
효소	티로시나제/라카제 : 포도즙의 산화 촉진 펙티나제/글루카나제 : 양조용 효소 리소짐 : 젖산 발효 종료	미량	-
미네랄, 이온	염소, 인산 : 음이온 칼륨, 나트륨, 마그네슘 등 : 양이온 미량원소 : 효모 증식	미량	미감 (짠맛)
유기산	주석산/사과산/구연산 : 포도의 3대 산 젖산/숙신산 : 발효로 생성 글루코닉산 : 귀부포도	수g/L	미각 (산도)
폴리페놀	안토시아닌 : 색상 플라보노이드(축합형 타닌) : 색상, 미감 갈릭산(수용성 타닌) : 색상, 미감	수g/L	미각 (구조감)
에스터	락톤 : 코코넛 향 가이아콜 : 정향 냄새 퓨라닉 등 : 토스트 향	미량	후각
결점 물질	제오스민 : 곰팡이, 이끼 냄새 TCA : 부쇼네	미량	후각

PART

관능평가

The Secret of Good Wine

CHAPTER 2
관능평가
The Secret of Good Wine

1. 관능평가란?

관능검사의 목적은 인간의 기호(Préférence)에 영향을 주는 여러 가지 요소(Facteur)와 감각 인식의 공통된 메커니즘을 파악하고 학습하여 와인 시음 시에 절대적인 품질의 기준을 정립하고 판단하는 데 있습니다.

전문적인 와인 관능 검사팀은 일주일에 한 번씩 동일한 와인을 마시고 각각의 요소(와인의 색, 냄새의 강도, 단맛, 쓴맛 등)를 거의 동일한 강도의 수치로 표현하는 연습을 합니다. 인간의 기호성을 배제하고 와인의 품질을 절대적으로 수치화하려는 노력이지요. 그렇지만 이는 전문적인 직업군의 영역이므로 이 글을 읽는 독자 여러분들은 그렇게까지 하지 않으셔도 됩니다. 다만, 원리에 대해서는 이해하고 넘어가야 하겠지요.

사람은 개인마다 각각 물질에 대한 인식의 차이가 있으며 이를 기호성이라고 말합니다. 와인의 품질(시각적, 후각적, 미각적)은 인간의 감각기관에 의하여 감지되지만 그 감지 능력은 모든 사람들에게 동일하지 않고 개개인마다 많은 편차를 보입니다. 이 감지 능력은 선천적인 요인과 후천적인 학습에 의해서 차이를 보이는데 아무리 선천적으로 감각이 뛰어난 사람이라 하더라도 이론적인 학습과 실질적인 훈련이 부족하다면 와인을 평가하는데 무리가 따르게 되는 것입니다. 아래 그림은 관능평가 중에 나타나는 인식의 경로를 보여 주고 있습니다.

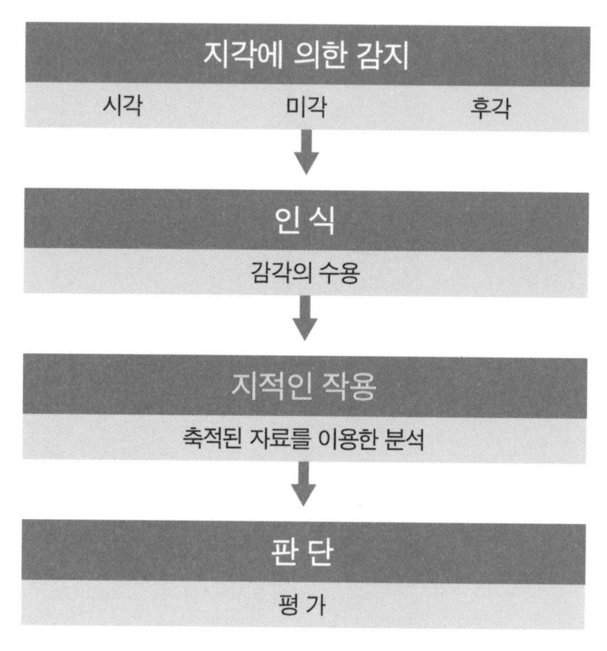

[그림 2-1] 감각이 인식되는 프로세스

지각에 의해서 감지된 요소들은 각 감각 수용기(시각, 후각, 미각)를 통하며 인식됩니다. 이후 신경을 통하여 뇌까지 이동하게 되는데요, 뇌에서는 이전에 축적된 자료를 이용한 지적인 작용에 의해 판단을 시행하며 이는 각 요소의 평가로 이어집니다. 만일 이 순간 우리 뇌에 축적된 자료가 부족하다면 감지한 감각을 표현하기가 어려워집니다. 와인을 처음 접하는 분들이 표현력이 부족한 이유는 바로 뇌에 평가에 필요한 축적된 자료가 부족하기 때문이며 이는 학습을 통한 이론의 습득과 체험을 통한 미각의 정립으로 완성될 수 있는 것입니다. 아래에는 관능평가의 인식 요소와 방법에 대한 표를 작성해 놓았습니다.

<table>
<tr><th>감각기관</th><th>감지 방법</th><th colspan="3">감지되는 요소 및 성질</th></tr>
<tr><td>눈</td><td>시각적 감지</td><td>색도, 색채, 혼탁도, 거품</td><td colspan="2">외관</td></tr>
<tr><td rowspan="2">코</td><td>직접적인 감지
(Direct)</td><td>냄새</td><td>냄새
(Odeur)</td><td rowspan="6">향미
(Flaveur)</td></tr>
<tr><td>간접적인 감지
(Retronasale)</td><td>향
(Arome)</td><td rowspan="3">복합된 맛
(Gout)</td></tr>
<tr><td rowspan="4">입</td><td>맛봉오리</td><td>단일한 풍미, 맛
(Saveur)</td></tr>
<tr><td>구강 점막</td><td>수렴성, 청량감
(감각)</td></tr>
<tr><td>촉각</td><td>농도, 밀도</td><td rowspan="2">촉감
(Tactile)</td></tr>
<tr><td>온도감지기</td><td>온도</td></tr>
</table>

[표 2-1] 관능평가의 인식 요소(P. Casamayor)

여기서 중요하게 보고 넘어가셔야 할 점은 우리가 일반적으로 느끼는 맛이라는 개념은 실제로 와인을 맛보았을 때 구강에서 느끼는 향(Aromé), 단일한 풍미(Saveur), 감각들이 모여서 이루어지는 복합된 맛(Gout)을 지칭한다는 것입니다. 이는 나아가 냄새, 촉감과 어우러져 향미(Flaveur)라는 좀 더 포괄적인 감각을 구성하게 됩니다.

2. 관능평가의 종류

관능평가의 종류는 다양하지만 일반적으로 와인 산업에 연관된 직업군(생산, 유통)이 담당하는 역할(목적)에 따라 나누어 집니다.

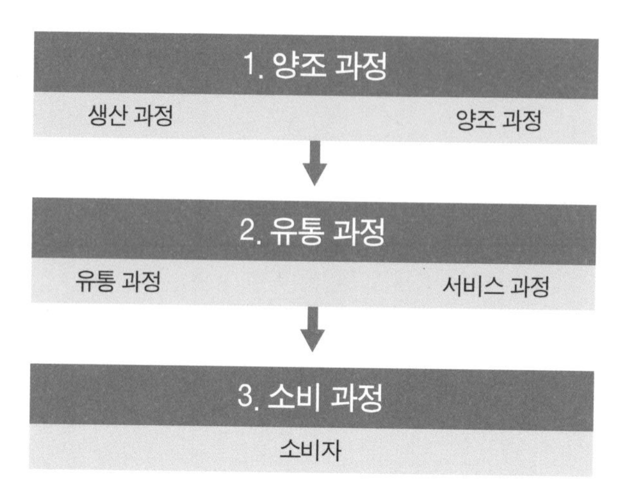

[그림 2-2] 관능평가의 종류

• 생산 과정의 직업군

이 직업군은 와인 생산자, 양조 기술자(Oenologue)들을 포함하며 이들은 와인의 정상적인 양조(Vinification)와 혼합(Assemblage), 숙성(Vieillessement), 병입 등의 공정 수행 시 이화학적인 성분 검사를 보완하는 목적으로 관능검사를 실행합니다.

• 유통 과정의 직업군

이 직업군은 중개업자(Negociant, Courtier)와 식음료업 서비스 종사자(Cavist, Sommelier)들을 포함하고 있으며 이들은 와인의 상업적인 특징(음식과의 조화)

을 파악하여 소비자들에게 적정한 와인을 제공하기 위해서 관능검사를 실행합니다.

이외에도 와인에 관련된 규범을 담당하는 입법기관(식약처, 국세청) 등에서 안정성 검증과 올바른 카테고리의 분류를 목적으로 관능검사를 실시하기도 합니다. 마지막으로 소비자들이 와인을 시음하는 목적은 앞에서 설명한 미감을 통한 쾌락(Plasir)을 얻는 것 이외에도 여러 가지 다양한 이유가 있을 것입니다.

그러면 이처럼 모든 직업군들에게 있어서 와인의 관능적인 품질평가가 절대적으로 필요한 이유는 무엇일까요? 여기 두 가지의 와인 성분을 비교한 표가 있습니다.

와인의 성분	Chateauneuf du pape	Vin de table
알코올 함량	12%	11.9%
잔당량	2g/L 미만	2g/L 미만
휘발산	0.35g/L	0.36g/L
총 산 함량	3.7g/L	3.9g/L
아황산 함량	75mg/L	70mg/L
pH	3.34	3.33

[표 2-2] 와인 성분 분석표(2012, France)

위의 표에서 비교된 두 와인은 품질(등급)에 커다란 차이가 있는 것으로 잘 알려져 있습니다. 그러나 단순한 성분 분석 결과로는 두 와인의 우열을 비교하기가 쉽지 않습니다. 이는 와인의 화학적인 성분 구성은 와인 품질의 이상 유무를 판별해 내는 데에는 적절하지만 미각적인 차이(선호도)를 설명하기는 쉽지 않기 때문인 것입니다. 이러한 이유로 인해서 와인의 시음은 품질 검사(이상유무)를 보완해 주기 위한 필수적인 요소인 것입니다.

3. 관능평가의 절차

일반적인 와인의 음용과는 다르게 전문적인 시음은 적정한 온도를 유지하고 조명 조절이 가능한 격실에서 진행되어야 합니다. 물론 이취가 없어야 하고 특히 개인 간의 접촉을 막아주는 칸막이와 개인용 타구대(Crachoir)[1]가 구비되어 있으며, 와인병은 적어도 시음 24시간 전에 똑바로 세워져서(특히 오래된 와인은) 침전물이 바닥으로 가라앉도록 준비해야 합니다.

[사진 2-1] 타구대가 갖추어진 전문 시음장(Bergerac France)

1) 시음한 와인을 뱉는 그릇

하루 중에 관능검사가 가장 적합한 시기는 시음자들이 조금씩 허기를 느끼며 미감 반응도가 가장 좋은 오전 10~12시나 오후 16~18시가량이 가장 바람직합니다. 아울러 시음자들은 정확한 관능평가를 위해 신체적으로 최고의 컨디션을 유지하여 감각기관에 이상(감기, 숙취, 과식)이 없도록 주의해야 할 것입니다.

• 시음용 다과

시음 중에 입가심을 위한 다과의 배치가 가능합니다. 이는 연속된 레드와인의 시음으로 인한 구강 내 타닌의 과다 축적을 막아주기 위해서 식빵 몇 조각 정도면 충분하며 만일 시음의 목적이 식전주라면 올리브, 치즈 등으로 와인의 풍미를 돋우는 것도 나쁘지 않습니다.

• 잔의 선택

와인마다 특색을 강화하기 위해서 특별히 제작된 여러 가지 와인 잔들이 시중에 나와 있습니다. 예를 들면, 튤립 모양의 와인 잔은 잔의 입구 부분이 펼쳐져 있어 시음 시에 산도에 민감한 혀 가장자리에 와인이 잘 닿을 수 있도록 만들어져 피노느와(Pinot noir)로 만든 와인의 특성을 잘 살릴 수 있는 것이지요.

그러나 관능평가에 사용되는 모든 와인의 특성에 적합한 각기 다른 잔을 사용하는 것을 불가능하므로 우리는 INAO[2]라는 기관에서 공통적으로 사용할 수 있도록 제작한 잔을 사용합니다. 전문적인 시음을 위해서는 INAO 잔에 모든 와인 샘플을 약 1/3가량(약 100m씩 동일하게) 채워서 검사합니다.

---

2) Institut National des Appellations d'origine : 프랑스 국립 원산지 품질관리원

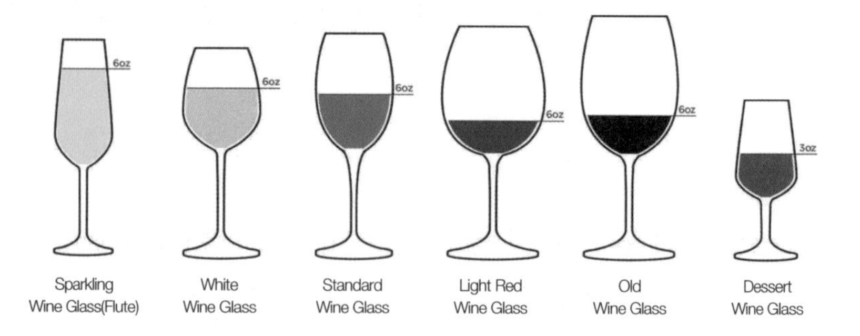

[그림 2-3] 다양한 와인의 특성을 살릴 수 있도록 제작된 잔

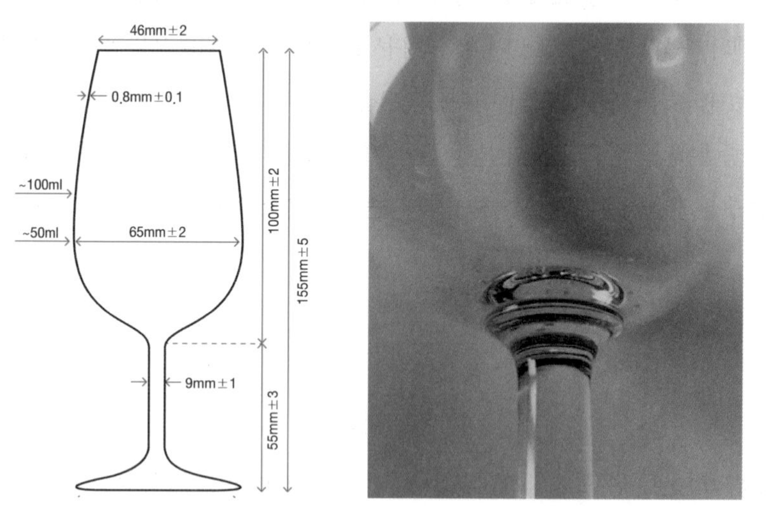

[그림 2-4] INAO 공식 시음 잔

[사진 2-2] 레이저로 가공된 샴페인 잔

최근 들어 과학을 발달로 말미암아 샴페인을 잔에 따를 때 초기에 발생하는 과다한 거품이 세척 후 잔을 닦으며 생긴 미세한 섬유 조각(먼지 등)이 내부에 붙어 증폭되는 현상이라는 것이 밝혀진 후 잔의 바닥을 레이저로 미세하게 가공하여 이러한 현상을 감소시켜 주는 발포성 와인 전용 잔도 출시가 되었습니다.

• **티르 부숑(Tire Bouchon) : 오프너**

와인을 여는 데 사용되는 티르 부숑은 코르크의 상태에 따라 여러 가지 다른 것을 사용할 수 있는데 손잡이 부분의 재질이 고급스러울수록 더욱 정교한 작업을 할 수 있습니다. 보통 소믈리에라고 불리는 티르 부숑이 가장 많이 사용되고 있으며, 이는 와인 병목을 덮고 있는 캡슐을 제거하기 위한 작은 칼을 반대편 끝자락에 가지고 있습니다. 좋은 티르 부숑은 부숑의 손상을 줄이기 위해 스크류 부분이 실리콘으로 코팅되어 있기도 합니다.

소믈리에

두 지렛대가 붙은 티르 부숑

스크류 풀

날이 달린 티르 부숑

[사진 2-3] 다양한 티르 부숑

두 개의 지렛대가 붙어 있는 티르 부숑은 스크류 부분이 정확하게 수직으로 부숑을 뚫기가 어려워 사용을 권하지는 않습니다. 스크류 풀을 사용이 손쉬워 모두에게 잘 이용되지만 보기에 우아한 면이 떨어진다는 단점이 있습니다. 마지막으로 오래된 부숑을 열 때에는 날이 달린 티르 부숑(Tire-bouchon à lame)을 사용합니다. 와인 병목을 감싸고 있는 캡슐을 소믈리에에 달린 날로 둥글게 돌려 잘라낸 후 티르 부숑을 수직으로 꽂고 천천히 돌린 후 잡아당겨 부숑을 제거합니다. 부숑을 제거한 후 병목을 깨끗한 천 등으로 닦아내어 청결을 유지한 후 와인을 잔에 채우면 됩니다.

가끔씩은 산소와의 접촉을 극도로 차단하기 위해서 왁스(Cire)로 봉인된 와인들이 있는데 이들은 대부분 아황산이 첨가되지 않거나 아주 오래된 생산연도(Millesime)의 와인이므로 번거롭더라도 부엌칼 등을 이용해서 왁스를 완벽하게 제거 후 시음 준비를 하는 것이 바람직합니다. 혹자는 번거롭다고 그대로 티르 부숑을 꽂아 넣고 여는 사람들도 있는데 이는 특히 서비스 분야에 종사하는 사람들 사이에서는 금기시해야 할 일입니다.

[사진 2-4] 왁스(Cire)로 봉인된 와인

스파클링 와인은 티르 부숑이 따로 필요 없지만 철사(Muselet)을 여는 순간부터 부숑을 꼭 막아주며 열어야 불필요한 소음과 가스의 분출을 막을 수 있습니다. 이때에는 병을 살짝 옆으로 기울여 주면서 액체가 공기와 닿는 면적이 최대로 만들어 줘야 단위면적당 작용하는 압력이 적어져서 부숑이 세게 튀어나가지 않습니다.

[사진 2-5] 병목에 고정된 스파클링 와인의 Muselet

• 데칸터(Decanter)

데칸팅의 주목적은 시간이 지나면서 와인병 속에 자연적으로 생긴 찌꺼기(Depot)를 제거해 주는 것입니다. 이 작업을 거치면서 생기는 두 가지 부수적인 현상은 공기에 접촉한 와인이 부드러워지고, 보관 중에 부족했던 산소가 보충되면서 저장 중에 와인에서 생긴 환원취가 제거되는 효과도 있습니다.

• **카라프(Carafe)**

일반적으로 카라프는 데칸터보다 더 표면적이 넓어서 와인이 산소와 접촉하기 용이하게 만들어져 있습니다. 카라프의 안에 담긴 와인은 공기 중의 산소와 접하여 자연스럽게 산화가 시작되고 이에 따라 부드럽게 변화합니다. 이 현상을 흔히 와인이 '열린다(S'ouvrir)'라고 표현되는데 이는 와인 내부의 휘발성이 강한 자극적인 방향 성분이 기화되면서 사라지고, 순간적으로 산소를 흡수한 와인의 산화-환원 전위가 낮아지면서 과숙되는 효과를 가져오게 되어 됩니다. 따라서 카라프는 생산된 지 얼마 지나지 않은 장기 숙성형 와인을 산소와 인위적으로 접촉시켜 와인을 순간적으로 마시기에 좋게 만드는 기능을 가지고 있습니다.

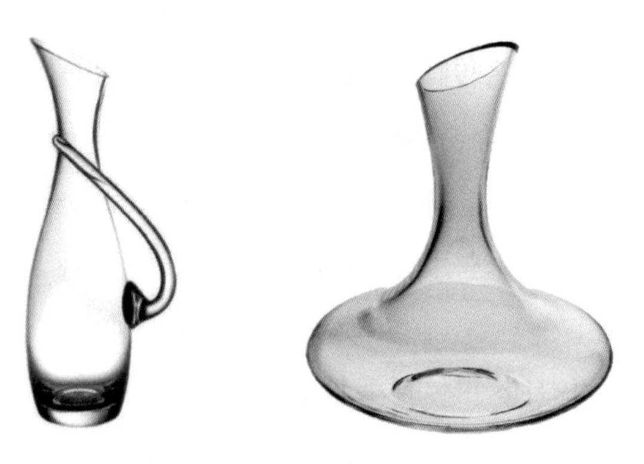

[사진2-6] 데칸터(Decanter)와 카라프(Carafe)

단기 소비형 와인도 가끔씩은 카라프에 부어 마시는 경우도 있는데 이는 와인의 환원취(버섯, 양파, 파 등)[3]를 제거하고 생산된 지 얼마 되지 않은 와인에 특히 많이 포함되어있는 이산화탄소를 제거하여 마시기 좋게 하기 위함입니다. 참고로 와인에 포함된 이산화탄소는 산도와 청량감을 높이

---

3) 와인의 저장 시 와인 내부의 산소가 모두 소진되어 나타나는 현상

는 역할을 하기 때문에 와인이 시다면 산소와의 접촉을 통해서 얻을 수 있는 이 효과를 기대해 볼 수 있습니다. 몇몇 로제 와인은 과실감과 청량감을 강조하기 위해서 일부러 이산화탄소를 주입하기도 합니다.

읽/을/거/리 1 디켄딩 : 유통 관련 종사자

와인은 일생을 걸쳐 변화하는 유기 생명체입니다. 와인의 수명은 종류마다 다르므로 적정한 시기에 적정한 절차를 거쳐야 마시기에 최적화된 와인을 시음할 수 있는 것입니다. 일반적으로 와인은 단기 소비형 와인과 장기 숙성형 와인으로 나눌 수가 있는데, 단기 소비형 와인은 숙성 과정이 필요 없이 언제든지 마시기 좋게 만들어졌습니다.

예를 들면, 와인의 너무 거친 타닌은 청징 작업[1]으로 제거하거나 적당하게 잔당을 남겨 달콤한 맛과 과실 향을 조화시키는 방법으로 기호도를 높여 데일리 와인[2]의 역할을 해왔습니다. 이는 주로 와인의 초보 소비자들이 선호하는 스타일로서 만일 환원취를 나타내는 경우라 해도 잔에 따른 채 그대로 잠시 동안 공기와 접촉을 시킨다면 대부분의 경우 환원취가 가시게 되어 별 탈 없이 와인을 마실 수가 있습니다. 이러한 스타일의 와인은 최근 들어 전 세계적으로도 부쩍 소비 경향이 높아지고 있습니다.

그러나 장기 숙성형 와인은 양조자가 의도적으로 와인의 병입 후 숙성을 염두에 두고 생산한 것으로서 이는 병입으로 인한 제품의 출시가 와인을 마시기 위한 준비를 마쳤다는 것이 아니라 보관하기 위한 준비 과정을 마쳤다는 것을 말합니다. 이러한 장기 숙성형 와인이 병입 후 와인 내부에서 이루어지는 실제적인 숙성 과정은 와인이 미세 산소를 소비하면서 내부에 있는 단량체의 폴리페놀(주로 타닌)들이 축중합작용을 통하여 복합체로 거듭나며 미감이 부드러워(Soyeux)지고, 3차 향

---

1) 청징제를 사용하여 와인 내부의 불순물을 침전시키는 작업
2) 매일 부담 없이 마실 수 있는 대중적인 와인

인 부케가 생성되어 향기가 숙성 전보다 미묘(Delicat, Fin)해지고 복합적(Complex)으로 향상됩니다.

이러한 오랜 시간이 필요한 숙성 과정을 거치기 위해서 양조되는 장기 숙성형 와인은 필수적으로 저장성을 향상시키기 위해서 일반 와인보다 농축도(단위면적당 수확량을 줄이거나 숙성으로 액체의 농도를 높임)를 높임으로써 방향 성분을 포함한 유기물 함량을 높입니다. 높은 산도와 폴리페놀 함량으로 인하여 미생물과 노화(산화)에 대한 저항성이 커진 와인은 자연스럽게 병 속에서 탈피를 거듭하면서 숙성 향(Bouquet)을 만들어 내고 축중합 과정을 거친 타닌들이 혀에서 부드럽게(Souple, Soyeux) 느껴질 만큼 시간이 지났을 때 비로소 마실 시기가 된 것입니다.

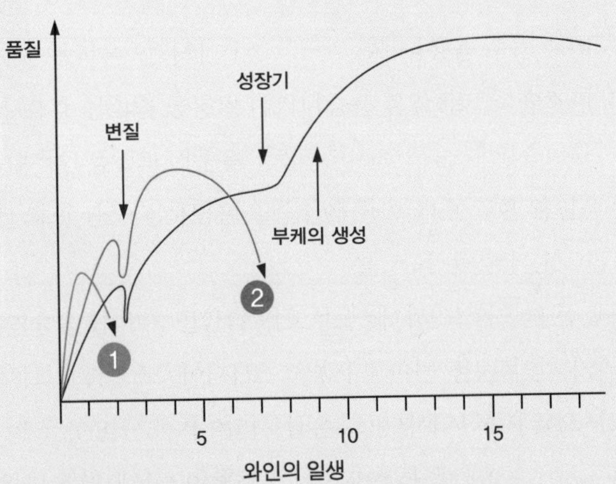

(①: 단기 소비형 와인, ②: AOC급, ③: 장기 숙성형 와인)

이 시기를 와인의 일생을 나타낸 위의 그림에서 보는 바와 같이 적정기(Apogee)라고 하는데 이 시기를 기점으로 와인의 디켄팅 목적은 미세한 향기의 보존과 침전물의 제거가 되는 것입니다. 이때는 물론 지나친 공기 접촉으로 인한 산화는 절대 금물이고 사용하는 디켄터는 와인과 공기의 접촉 면적이 적고 미세한 향기를 오래 보존할 수 있는 커다랗고 길쭉한 와인병 모양의 것이 바람직합니다. 디켄팅은 향기의 보존을 위해 신속하게 이루어져야 하며, 이때 병에서 나오는 와인에 포함된 바닥의 침전물이 많아지면 나머지는 마시지 않도록 합니다. 침전물은 색소와 결합되어 산화된 수용성이 떨어진 폴리페놀 찌꺼기로써 상당히 쓴맛을 지니고 있습니다.

반면 이 시기에 도달하지 못한 장기 숙성형 와인을 마실 때에는 인위적인 공기 접촉을 통하여 와인을 과숙시켜야 마시기에 적합합니다. 이 과정에 의해서 와인은 상대적으로 강한 1, 2차 향이 감소되어 밸런스가 잡히고 순간적으로 산화-환원 전위가 낮아지며 강한 신맛과 혀에서 느껴지는 타닌감이 감소하게 되는 것입니다. 따라서 이때 사용하는 디켄터는 잘 알려진 바닥이 넓어 와인과 산소의 접촉 면적이 최대로 되는 것을 사용하는 것이 바람직합니다. 물론 이 시기에는 아직까지 생성된 침전물이 거의 없으며 와인은 산화가 촉진될 수 있도록 천천히 디켄팅이 이루어져야 합니다.

PART

시각적인 요소

The Secret of Good Wine

CHAPTER 3
시각적인 요소
The Secret of Good Wine

와인의 품질을 판별할 때 가장 먼저 사용되는 감각이 바로 시각입니다. 시각을 이용하여 우리는 와인의 품질에 연관된 다음의 5가지 시각적인 요소(Facteur)들을 판별할 수 있습니다.

1. 색도(Intensité)

색도란 색깔의 짙음(어두움)을 나타내는 척도입니다. 우리가 초등학교 미술 시간에 배웠듯이 빛은 여러 가지가 합쳐질수록 밝아지지만 실제 색은 여러 가지가 합쳐질수록 어두운 빛깔(검은색)을 띄게 됩니다. 와인에 존재하는 여러 가지 색소(Flavonoide[1], Cartenoide[2] 계열)의 색깔이 합쳐질수록 동일한 색상의 와인은 어둡게 나타나는데 **Oenologie**에서는 와인에 가장 많이 존재하는 적색(Anthocyanin[3])과 녹황색(Flavonoide)의 색깔을 더한 값을 와인의 색도(Intensité)로 나타냅니다. 보다 정확한 비교를 위하여 색도는 정량화(Quantifier)될 수 있는데 이는 분광계[4]로 측정한 두 값을 더하여 나타납니다.

---

1) Flavonoid : 초록색 계열의 식물 색소(녹차)
2) Cartenoid : 주황색 계열의 식물 색소(당근)
3) Anthocyanin
4) 분광계(Spectrometry) : 비색법 측정에 사용되는 분석기구

색도(Intensity) = 흡광도[5] 520 + 흡광도 420

그렇다면 우리는 왜 흡광도 520과 420을 측정해서 색도로 나타내는 걸까요? 흡광도를 이해하기 위해서 우리는 먼저 초등학교 과학 시간을 상기해 보기로 합시다. 일곱 빛깔의 무지개는 가시광선에 포함되어 있는 여러 가지 빛깔들이 굴절률에 따라서 다르게 퍼지는 것을 보여주는 자연 현상입니다. 여기서 우리는 파장이 긴 쪽부터 짧은 쪽으로 빨강, 주황, 노랑, 초록, 파랑, 남색, 보라색이 흡수되며 각각의 보색이 관찰되는 것을 볼 수 있습니다.

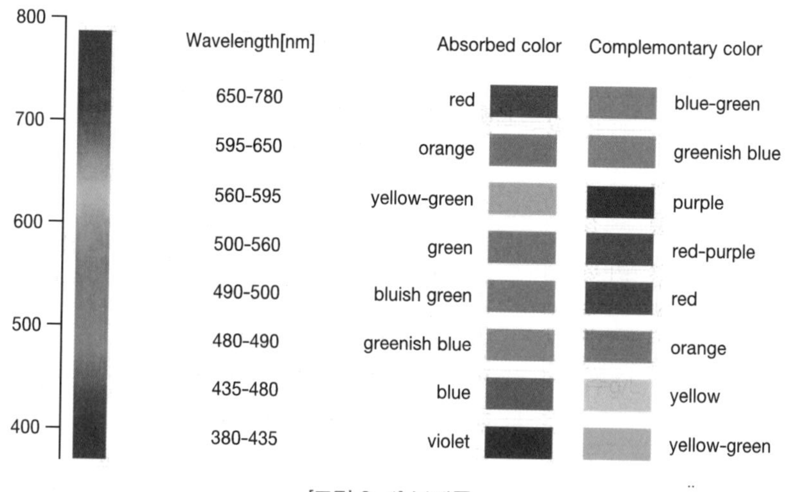

[그림 3-1] 보색표

위의 그림에서 예를 들자면, 적색으로 보이는 파장 520nm의 영역에서는 적색의 보색인 녹색(Green)이 흡수되므로 우리 눈에는 적색이 보이게 되

5) 흡광도(OD : Optical Density)

는 것이고 이는 안토시아닌의 색상을 보여주는 영역과 일치합니다. 마찬가지로 420nm의 영역에서는 노란색의 보색인 파란색이 흡수되어 우리 눈에는 플라보노이드의 색깔인 녹황색이 보이는 것입니다. 각 영역에서 관찰되는 녹색과 적색은 와인이 얼마나 많은 안토시아닌과 플라보노이드를 가지고 있는가를 수치로 보여주며 많을수록 높은 값을 보여줍니다. 실제로 시음할 때는 간단히 눈으로 보면서 '색도가 높다, 낮다'고 간단하게 표현할 수 있지만 와인의 품질을 객관적으로 모니터링하기 위해서는 기기 분석[6]을 통한 정량적인 수치를 제시해 주어야만 차후 와인 품질의 변화를 객관적으로 확인할 수 있습니다. 제아무리 훌륭한 와인 전문가라 하더라도 인간의 감각은 불완전하기 때문에 와인의 품질을 정확하게 모니터링하기 위해서는 이러한 과학적인 방법의 적용이 필요한 것입니다. 덕분에 먼 옛날 인간의 감각에만 의존하여 품질관리를 할 때보다 훨씬 더 와인 품질관리의 위험이 줄어들었음은 말할 것도 없습니다.

일반적으로 이 색도는 보르도[7] 상공회의소 기준으로 다음과 같이 구분되며 보통 국산 레드 와인은 1.2~2.0가량의 수치를 나타내며 아주 드물게 2.5를 넘는 것들도 있습니다. 이는 국산 와인의 주 품종인 Vitis labrusca[8] 계열의 포도가 껍질 부분에 폴리페놀과 색소 성분을 포함한 유기물의 함량이 부족하고 과즙이 많아 농도가 옅어진 결과이며 양조 기술적인 측면에서 볼 때는 추출 기술이 부족하거나 안정화가 부족하여 색도가 떨어지는 경우도 있습니다. 반면 서양에서 Vitis Vinifera[9]로 만들어진 장기 숙성형 와인은 5~6 이상의 수치를 나타냅니다.

---

6) 분광계를 통한 분석
7) Chambre de commerce et d'industrie de Bordeaux
8) 비티스 라부르스카 : 미대륙계의 식용 포도
9) 비티스 비니페라 : 유라시아계의 양조용 포도

심/화/학/습 1 안토시아닌(Anthocyanin)

우리가 레드 와인의 상태를 판별하기 위해서 관찰하는 색상은 앞에서 살펴본 바와 마찬가지로 안토시아닌으로 인해서 나타나는 적색 계열의 색상입니다. 그러나 안토시아닌은 항상 적색 계열의 색상을 띠고 있는 것이 아니라 와인 용액의 pH와 흡사한 환경인 PH 3~4 이하에서만 Flavylium Cation(AH^+)이라는 형태로 붉은 적색을 띠게 됩니다. 그 이외의 조건에서는 결합되는 치환기와 pH에 따라서 청색, 노란색이나 무색으로 나타나게 됩니다. 여러분들이 무심코 쳐다보는 레드 와인의 붉은 빛깔은 여러분이 마실 와인이 건강하게 적정한 산도(pH 3~4)를 지니고 있음을 보여주는 것입니다.

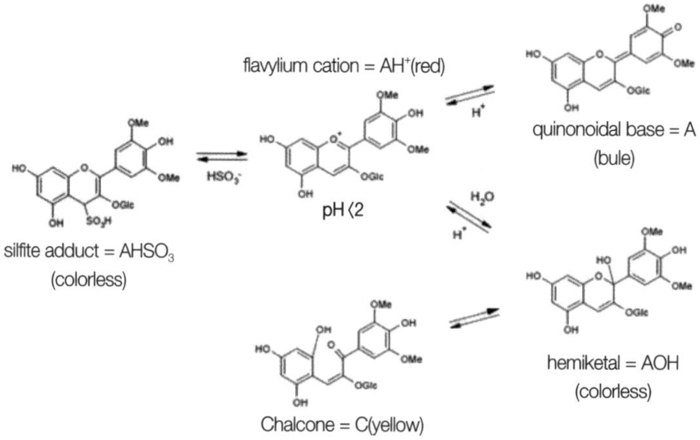

flavylium cation = AH^+(red)

pH 〈2

quinonoidal base = A
(bule)

silfite adduct = $AHSO_3$
(colorless)

hemiketal = AOH
(colorless)

Chalcone = C(yellow)

pH에 따른 안토시아닌의 변색(Cheynier et al. 2006, Fulcrand et al. 2006)

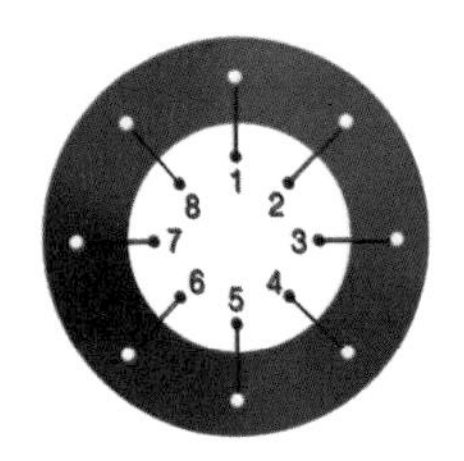

비교 항목	색도	폴리페놀지수[1]	안토시아닌
로제	0.4~1.1	8~18	20~50mg/L
클라레	1.2~2.1		
레드	2.1~5	10~30	90~250
장기형 레드	6 이상	40	350 이상

[표 3-1] 색도 비교표(보르도 상공회의소)

이외에도 색도로 유추할 수 있는 와인의 품질은 아래 표에 정리해 두었습니다.

색도	원인	와인의 품질
낮음 (옅음)	포도 성분의 추출도 부족 강우량 높음 단위면적당 과다 수확 어린 포도나무 미숙한 포도 썩은 포도 양조 기간 짧음 알코올 발효 온도가 너무 낮음	단기 소비형 와인
높음 (진함)	포도성분의 좋은 추출도 단위면적당 소량 수확 성숙한 포도나무 훌륭한 양조 과정	장기 숙성에 적합한 와인

[표 3-2] 색도에 따른 레드 와인의 품질(P. Casamayor)

색도는 시간이 경과함에 따라 미세산화[2]에 의해 안토시아닌과 타닌의 침전으로 인해 수치가 낮아지는 경향을 보입니다. 안토시아닌과 타닌의 침전은 다음 색채 부분에서 더 자세히 설명하도록 하겠습니다.

---

1) OD280에서 와인 내의 방향성 고리를 지닌 물질(페놀기)의 양을 측정하여 얻은 값
2) Micro-oxygenation : 미세산화, 와인 숙성의 주요 현상

2. 색채(Teint : Hue)

색채란 와인 잔을 기울였을 때 잔가(Robe)가 띠는 여운을 말하는 것으로 와인의 나이(Age)와 밀접한 관계를 지니고 있습니다. 일반적으로 레드 와인의 경우 생산된 지 얼마 지나지 않은 와인의 잔가에서는 보랏빛, 오래된 와인은 갈색을 띠는데 이는 앞에서 설명한 안토시아닌과 플라보노이드의 흡광도와 과학적으로 밀접한 관계가 있으며 측정 방법은 다음과 같습니다.

색채(Teint : Hue) = 흡광도 420 / 흡광도 520

양조 과정 중에 레드 와인에 착색된 안토시아닌(적색)은 시간이 지날수록 공기 속의 산소와 접촉하여 산화되고 이는 결국 침전으로 이어집니다. 따라서 와인의 색상은 와인 내의 안토시아닌이 줄어들며 상대적으로 많아진 플라보노이드(녹황색)의 뉘앙스를 강하게 띠게 되면서 우리 눈에는 초기의 보랏빛에서 갈색에 가깝게 보이게 되는 것입니다.

그러면 색채 값은 어떻게 될까요? 분모를 이루는 안토시아닌의 값이 줄어들고 상대적으로 안정한 플라보노이드 값은 변화가 없으므로 결과적으로 색채 값은 증가하게 됩니다. 그래서 우리는 '오래된 와인의 색채는 증가한다.'라는 표현을 하게 되는 것입니다. 일반적으로 만들어진 지 얼마 되지 않은 와인의 색채 값은 0.3~0.7 정도이고, 오래된 와인의 1 이상입니다. 아래에 시간에 따른 와인의 색채 변화를 표로 정리해 두었습니다.

종류	색채	와인의 품질
화이트 와인	무색 (Incolore)	불활성 가스로 산화되지 않은 와인
	녹색을 띠는 연노랑 (Jaune claire vert)	젊은 와인, 스틸탱크로 양조됨
	짚단색 (Jaune Paille)	숙성된 와인, 오크통에서 양조됨
	황동색 (Or cuivré, Bronzé)	오래된 와인
	연갈색 (Ambré)	산화되거나 과숙됨
로제 와인	연한 장미 (Blanc reflet rose)	압착 방식에 의해 생산됨
	연어살색 (Rosé saumon)	젊은 와인, 색상추출이 잘됨
	노란빛을 띠는 장미 (Rosé jaune)	과숙되기 시작한 와인
레드 와인	보랏빛 적색 (Violacé)	젊은 와인, 보졸레 누보
	체리빛 적색 (Rouge cerise)	시음 적기인 단기 소비형 와인(2~3년)
	오렌지빛 적색 (Rouge orangée)	과숙되기 시작한 단기 소비형 와인(3~7년)
	갈색빛 적색 (Rouge brun)	시음 적기인 장기 숙성형 와인

[표 3-3] 와인의 시간에 따른 색채 변화(P. Casamayor)

그리고 여기서 한 가지 중요하게 알아두어야 할 점은 색채 값이 증가하는 기간은 와인에 따라 차이가 있는데, 적정한 안정화 기간(오크통 숙성 등)을 거쳐 붉은 빛깔이 잘 착색된 와인은 그러한 기간을 지나지 않은 와인(보졸레 누보 등)보다 색채 값이 증가하는 시간이 훨씬 더 깁니다. 이는 와인의 품질을 결정하는 매우 중요한 요소로서 품질평가를 위해 와인에 대한 모든 정보를 차단하는 블라인드 테이스팅(Dégustation à l'aveugle) 시에도 단지 생산 연도만 알려주는 것은 평가하고자 하는 와인이 과연 적정한 안정화 과정을 거쳐 오랫동안 보존될 수 있는지를 판단하고자 하는 것입니다. 따라서 외국 영화에서 보여주듯이 와인 색깔만 보고 몇 년 산인지 알아맞히는 일은 그 와이너리의 양조 책임자(Maître de Chai)라도 쉽지 않은 일입니다.

결과적으로 색채 증가 기간이 오래 걸리는 와인은 안토시아닌이 잘 침전하지 않는 보관성이 좋은 와인, 반대로 색채 증가 기간이 짧은 와인은 빨리 마셔야 하는 단기 소비형 와인인 것입니다. 이는 아래의 표로 간단하게 요약될 수 있습니다.

와인 스타일	색채 변화	안정도(보관성)	예 시
단기 소비형	빠르게 증가	낮음	보졸레 누보
장기 숙성형	천천히 증가	높음	오크통 숙성 와인

[표3-4] 레드 와인의 색채 증가 특성 요약

오크통 숙성을 거친 와인은 숙성 전보다 검붉은 빛깔이 짙어지고 향기 역시 미묘해(Fin)집니다. 흔히 와인을 오크통에 숙성시키는 주된 이유를 와인이 복잡 미묘한 향을 얻기 위한 것으로 아시는 분들이 대부분인데 Oenologie에서 와인 숙성에 오크통을 사용하는 첫 번째 목적은 색상의 안정화로 와인이 짙고 검붉은 색을 얻을 수 있게 하기 위해서입니다. 오크통 숙성 와인의 향기 변화는 후각 부분에서 설명하겠습니다. 이제는 오크통 숙성 와인이 보졸레 와인보다 더 오래 보관이 가능하고 고급으로 평가받는 이유를 이해하시겠지요?

색도의 유지(색채 변화의 기간)는 양조 기법으로 적당한 조절이 가능합니다. 아래의 그림은 1990년도 프랑스의 Oenologue이자 양조학자인 이브 글로리(Yve Glory)의 연구 결과인데요, 숙성 기간 중 안토시아닌과 타닌을 적정하게 결합시켜 줌으로써 와인의 저장성을 향상시킬 수 있는 원리를 설명한 것입니다.

안토시아닌과 타닌은 대체적으로 와인의 숙성 기간 중에 결합하는데 보다 안정한 결합을 위해서는 미세산화(Micro-oxigenation) 과정이 필수적입니다. 즉, 소량의 지속적인 산소의 공급이 필요한데 이는 오크통의 미세한 모공을 통해서 자연적이고 최적의 방식으로 이루어집니다. 따라서 오크통 숙성을 거친 와인은 그렇지 않은 와인보다 안정화가 잘 이루어져 색채 변화 기간이 길고 따라서 보관 가능 기간이 늘어나는 것입니다.

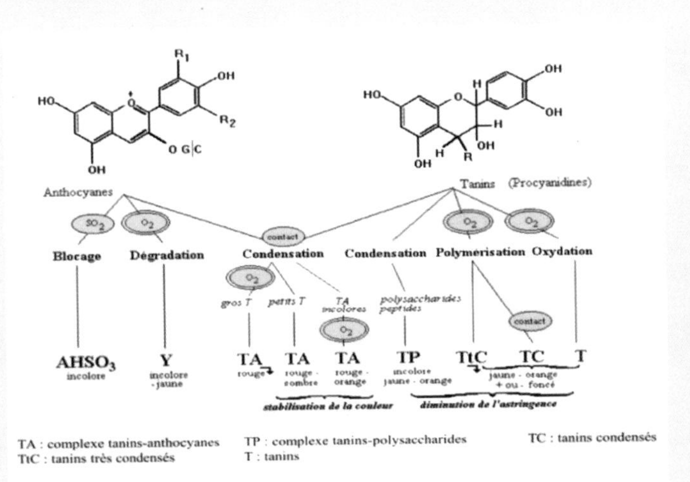

와인 색상의 안정화 원리(Y. Glory 1990)

3. 투명도(Limpidité) : Vivacité

앞선 두 가지 요소 색도, 색채의 판별이 끝났다면 이제는 와인의 투명도를 살펴볼 차례입니다. 양조 과정 중에 와인은 원재료인 포도에서 오는 수많은 유기물(Matiere organique)을 포함하게 되는데요, 이 유기물들은 각자 다른 수용도[10]를 가지고 있습니다. 수용성이 높은 물질은 와인과 잘 섞이고 그렇지 않은 것은 와인 내부에서 콜로이드 상태를 유지하거나 침전(Precipitation)을 합니다. 대체적으로 양호한 안정화 과정을 거쳐 잘 정제된 와인은 이러한 찌꺼기들이 없어 아주 맑은데 이러한 와인을 투명도가 높다고 표현합니다. 안정화와 정제 과정 이외에도 와인의 투명도에 영향을 미치는 것은 와인의 병(Maladie du vin)[11]이라 불리는 미생물에 의한 감염입니다. 병에 걸린 와인은 일반 와인보다 투명도가 낮아 사람들에게 시각적으로 거부감을 일으킵니다.

이는 와인 품질관리 요소 중에서 중요하며 혼탁도를 재는 탁도계를 이용하여 기기 분석으로 정량화합니다. 혼탁도의 단위는 NTU(Nephelometric Turbidity Unit)이며 일반적으로 양호한 와인은 0.1~1NTU, 약간 탁한 와인(Volie[12])은 2~4NTU, 혼탁한 와인(Trouble)은 5~8NTU가량이고 포도즙은 약 200~4,000NTU에 달하지만 일반적인 시음 시에는 혼탁함의 여부만 구분하면 됩니다. 막걸리가 탁주라고 불리는 탁도가 높음에 유래하는 것입니다.

---

10) 물에 녹는 정도
11) 4장에서 설명
12) 브왈 : 얇은 막, 산막

4. 점성도(Viscosité)

앞에서도 말씀드렸듯이 와인은 포도에서 온 여러 가지의 다양한 유기물이 녹아 있는 액체이므로 물보다 더 찐득합니다. 다시 말하자면 점성도가 높다고 표현하는데 점성도는 와인에 따라 각기 다릅니다.

점성도를 살펴보기 위해서 우리는 보통 와인의 다리(Pied)를 잡고 돌린 후 잔가에서 벽을 타고 흘러내리는 방울을 바라봅니다. 이 방울은 우리에게 와인의 눈물(Larmes[13])이라고 잘 알려져 있으며, 와인의 몇 가지 성질을 우리에게 알려줍니다. 이 방울이 형성되는 현상을 마랑고니 효과(Effet Marangoni)로 설명할 수 있는데 일반적으로 와인의 알코올 도수가 높을수록 풍성하고 굵은 줄기를 이루며 내려옵니다. 알코올 이외에도 와인에 포함된 에테르 계열의 유기물이나 글리세롤 등이 풍만감에 커다란 영향을 주는 것으로 알려져 있습니다. 그러면 와인의 눈물이 많은 것이 좋은 와인이라고 할 수 있을까요? 이에 얽힌 한 가지 일화가 있습니다.

메독(Medoc) 지역의 와이너리에 견학 온 캐나다 학생들이 와이너리의 생산 책임자(Maître de chai[14])를 둘러싼 채 설명을 듣고 있습니다. 아주 굵고 끊임없는 와인의 눈물이 잔의 벽을 타고 흘러내리고 있습니다.

[15] - 책임자 : 이것은 풍만한 와인입니다. 풍성한 글리세린[16] 덕에 이렇게 굵고 끊임없는 눈물이 흐르고 있지요.
- 학 생 : 이것으로 좋은 와인인지 알 수 있나요?
- 책임자 : 정확하게 알 수 있지요.
- 학 생 : 만일 굵은 눈물이 흐르지 않는다면 그 와인은 어떤가요?
- 책임자 : 그건 좋지 않은 와인입니다.

---

13) 람 : 눈물
14) 매트르 드 셰 : 양조 책임자
15) Le goût du vin에서 발췌
16) 글리세롤

결과적으로 와인의 품질은 좋지 않았으나 학생들은 순간적으로 와이너리 책임자의 설명에 매료되었음을 느낍니다. 일반적으로 우리는 잘 알 수 없는 복잡하고 설명하기 힘든 진실보다 간단하며 멋지게 보이는 오류를 더 선호하는 경향이 있습니다. 아마도 오류가 지속되려는 메커니즘의 작용 때문이겠지요. 와이너리 책임자는 학생들에게 이러한 오류를 피하면서 조금 더 멋지게 표현할 수 있었을 것입니다.

"와인의 눈물? 그것은 와인의 혼이 모여서 잔을 타고 내려오는 것입니다."

일반적으로 이러한 와인을 우리는 풍만감(Moelleux)이 높다고 표현합니다. 풍만감에 대해서는 와인의 균형(Equilibre) 부분에서 자세하게 설명하도록 하겠습니다.

심/화/학/습 3 마랑고니 효과(Effet Marangoni)

혼합되지 않은 두 액체의 각각의 표면에는 표면장력과 계면력이 존재하는데 온도의 불균일에 의해서 유체는 **표면장력이 낮은 곳에서 높은 곳으로 이동**합니다. 와인의 눈물을 보기 위해 와인 잔을 돌려주면 잔의 벽을 타고 흘러내리는 와인이 막을 형성합니다. 이때 기화도가 높은 알코올이 먼저 증발하면 물의 표면장력과 굴절률이 증가하여 미세 방울의 형태로 벽을 타고 내려오는데 이때 알코올의 도수가 높을수록 기화작용이 더 활발해져서 와인이 더 굵은 줄기를 이루며 내려옵니다.

이것을 보고 우리는 와인의 알코올 도수를 짐작할 수 있는데 와인잔의 표면에 잔여 세제나 불순물이 남아 있다면 이 효과는 경감됩니다. 한 가지 더 말씀드리자면 와인이 숙성될수록 와인의 눈물은 와인의 색깔(적색)을 띠지 않고 무색에 가깝습니다.

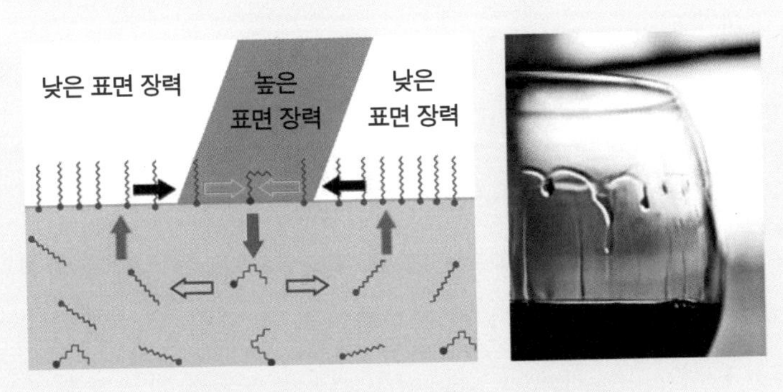

마랑고니 효과와 와인의 눈물(Larmes de vin)

5. 발포성 와인의 품질

일반적으로 와인의 시각적인 판별 요소는 앞에서 설명한 색도, 색채, 혼탁도와 점성도 네 가지로 이루어지지만 발포성 와인의 경우에는 시각적으로 판별해야 할 한 가지 요소가 더 있습니다. 바로 거품입니다. 일반적으로 거품의 성질은 베이스가 되는 와인의 품질과 거품 충전 기법, 특히 단백질의 양과 발효 속도에 주된 영향을 받는데 그 품질은 다음의 세 가지로 구분할 수 있습니다.

• 거품의 양(Moussabilité)

일반적으로 발포성 와인은 함유하고 있는 거품의 양이 많을수록 좋게 평가됩니다. 거품의 양은 병 입구에 압력계를 달아 측정하는데 예를 들자면 샴페인 방식(Méthode champenoise)으로 만든 발포성 와인의 경우는 약 5~6기압 정도의 압력을 나타내고 그렇지 않은 것은 3~5기압 가량의 압력을 나타내게 됩니다.

• 거품의 지속 시간(Tenue de mousse)

거품의 지속 시간은 무스 와인을 병에 따르고 나서 거품이 와인에서 나오는 것이 멈출 때까지 걸리는 시간을 나타냅니다. 이는 발포성 와인이 포함하는 거품의 총량과 거품의 크기에 따라 결정되는데 거품의 크기와는 어떤 관계가 있을까요? 동일한 양의 거품을 포함한 발포성 와인은 거품이 작을수록 가스가 완전히 분출되는 시간이 길어져서 더 오랫동안 거품을 느낄 수 있답니다.

• 거품의 안정성(Stabilité de mousse)

샴페인 잔의 바닥에서 올라오는 가느다란 거품 줄기를 보면 우리는 거품 와인의 마지막 평가 요소인 거품의 안정성을 알 수 있답니다. 거품의 끊기지 않고 지속적으로 올라온다면 우리는 이 무스 와인의 거품의 품질이 좋다고 표현할 수 있습니다. 바닥부터 솟구쳐 올라오는 거품에는 샴페인의 향기가 모두 다 녹아 들어가 있기 때문에 지속적인 향기를 즐기기 위해서는 거품이 꾸준하게 안정적으로 나와야 하겠지요? 지속적으로 솟구쳐 나오는 거품 덕에 우리는 샴페인의 잔을 돌릴 필요도 없고 대신에 잔 모양도 가스가 빠져나갈 표면적이 적은 길쭉한 모양으로 만들어져 플룻(Flute)이라 불립니다.

발포성 와인 거품의 품질을 종합하자면 거품의 양이 많고 지속 시간이 길고 거품이 안정적이어야 좋다는 것을 알 수 있습니다. 특히 동일한 양의 거품이 더 오랫동안 지속되기 위해서는 거품의 크기가 작아야(Fin) 합니다.

소리를 듣고 와인의 품질을 판별하는 것 또한 발포성 와인입니다. 눈 감고 귀를 기울여 보세요. 거품이 올라올 때 끊이지 않고 차분하게 안정적으로 올라오는 소리가 오랫동안 지속된다면 여러분들은 바로 좋은 샴페인을 눈앞에 두고 있는 것일 겁니다.

비발포성 와인(Vin tranquille)에서도 거품으로부터 와인의 품질을 유추해 낼 수 있는데요, 잔에 따를 때 거품이 많이 생기는 와인은 질소 화합물(단백질)을 많이 함유하고 있어 그렇지 않은 와인보다 시음 시에 더 부드럽고 풍만한 느낌을 줄 수 있습니다.

단, 이것은 개인에 따라 느낄 수 있는 편차(침의 산도 및 효소 함유량, 민감도)가 큽니다.

평가 요소	평가 방법	판단 요소
색도(Intensité)	색의 짙음(어두움)을 검사 흡광도 520+흡광도 420	와인의 산도, 품질 와인의 저장성
색채(Teint, Hue)	색의 뉘앙스 검사 흡광도 420/흡광도 520	와인의 스타일과 현 상태 판단
혼탁도(Turbidité)	탁도계/시각적인 검사	혼탁 정도 판단
점성도(Viscosité)	잔가에 흐르는 방울	와인의 풍만감
거품(Mousse)	거품의 양 거품의 지속 시간 거품의 안정성	발포성 와인의 품질

[표3-5] 시각의 평가

심/화/학/습 4　와인의 시각적인 결점 : 양조업자 필독

예로부터 와인은 수많은 질병에 시달려 왔습니다. 과학의 발전과 더불어 많은 현상들이 최근 들어 이론적으로 설명되면서 이 증상들에 대한 해결책들이 제시된 이후 점차 자취를 감추어 왔지만 대비가 부족하다면 언제라도 찾아올 수 있는 증상들이니 이 부분은 **와인 양조업에 종사하시는 분들이라면 필독**하셔야 할 부분입니다.

• 철 침전(Casse Ferrique)

철 침전 증상은 보이는 레드 와인은 파란색(탄닌)으로 화이트 와인은 백색(인산)의 침전이 석출되며 이는 +3가로 산화된 철 이온이 와인 속의 불용성 물질과 결합하여 염의 형태로 석출되는 것입니다. 이에 대한 치유 및 예방책은 양조 작업 시 철로 된 용구 사용은 제한하거나 비타민 C나 구연산을 첨가하여 +2철 이온 감소시키는 것입니다. 이러한 이유로 외국 와이너리에 가 보신 분들은 아시겠지만 양조장에서 금속성 공구(삽, 대야)를 사용하지 않는 것입니다.

몇 년 전 충청북도 영동의 한 와이너리에서도 와인이 청색으로 변하는 증상이 관찰되었는데 이유는 철제 드럼통에 비닐을 깔고 담은 와인이 비닐이 터지며 드럼통에 닿아 이런 현상이 발생하게 된 것이었습니다. 아울러 용접 마감질 처리 부분에 내산 처리가 누락된 와인 탱크를 사용할 때에도 이런 현상이 나타날 수 있습니다. 생산자분들이 각별히 주의하셔야 할 부분입니다.

• 구리 침전(Casse Cuivreuse)

구리 침전 증상은 와인에 적색의 침전이 발생하는데 이는 포도밭에 사용된 구리 성분 비료와 구리, 동 이온이 단백질과 결합하여 침전하는 것으로서 이에 대한 치유 및 예방책은 빛을 차단하고 선선한 온도를 유지하며 SO_2 첨가 및 산소 접촉을 최소화하고 양조 작업 시 구리나 동으로 된 용구나 첨가물을 사용을 제한합니다.

• **단백질 침전(Casse Protéique)**

화이트 와인에서 백색의 침전(백탁 현상)이 석출되며 이는 와인 속에 초과된 단백질이 온도의 변화를 겪으며 침전되는 현상으로 우리나라의 화이트나 로제 와인에서 가장 많이 보고되는 현상으로서 이에 대한 치유 및 예방책은 타닌을 첨가하거나 벤토나이트로 청징하여 단백질을 침전시켜 제거하는 것입니다.

단백질 침전(Casse Protéique)과 산화 침전(Casse Oxydasique)

• **산화 침전(Casse Oxydasique)**

화이트 와인에서 뿌연 침전물과 함께 갈변 현상이 발생하는 것으로 이는 와인 내의 페놀 화합물 성분이 산화되어 나타나는 현상입니다. 특히 포도즙에 포함된 Laccase작용으로 인해서 나타나며 이에 대한 치유 및 예방책은 SO_2나 비타민 C를 첨가하고 산소 접촉을 제한하며 포도 수확 시 품질관리(상한 포도의 제거)에 만전을 기해야 합니다.

읽/을/거/리 1 샴페인(Champagne)

우리가 흔히 말하는 샴페인은 프랑스 북동부 샹파뉴(Champagne) 지방에서 지역의 품질 통제 규정(Appelleation d'Origine Contrôlée)을 준수하여 생산되는 발포성 와인을 지칭한답니다. 발포성 와인은 이 지역 말고도 세계 도처에서 많이 생산되고 있지만 샹파뉴 지역의 품질 통제 규정을 따라서 생산된 와인만을 샴페인이라고 부를 수 있는 것이지요.

발포성 와인은 보통 주(主)가 되는 와인(Vin de base)의 양조와 이 포도주에 발포성 기체인 이산화탄소를 생성(Prise de Mousse)하는 두 가지 과정으로 나뉩니다. 특히 이산화탄소를 생성하는 공정 방법에 따라 발포성 와인의 종류가 나뉘는데 대표적으로 병 속에 효모(Levure)와 시럽을 첨가하여 생산해 내는 '샴페인 방식(Méthode Traditionnelle)'으로 생산된 발포성 와인들은 대체적으로 충분한 가스의 양과 높은 압력, 적당한 도수의 알코올이 함유되어 좋은 품질을 지닌 것으로 평가받고 있습니다.

원래 샴페인을 생산해 내는 샹파뉴 지방은 포도 재배의 북위 한계선인 만큼 오래전부터 생산자들이 샴페인을 생산하기 위한 양질의 포도 재배에 세심한 노력을 기울여 왔답니다. 이 지역의 높지 않은 연평균 기온은 보통 와인을 생산하기엔 좋지 않은 조건이지만 발포성 와인을 생산하기에 더없이 좋은 산도(Acidité)를 와인에 부여하였고 떼루아(Terroir : 기후와 지형, 토질, 인간의 노력을 포함하여 와인의 품질에 영향을 주는 모든 요소)를 구성하는 일등공신인 백악질(Craie : 백묵을 만드는 하얀 퇴적암)의 토양은 낮 동안 받은 태양열을 포도나무에 복사하여 과실이 성숙하는데 도움을 주었습니다. 아울러 수분을 저장하는 역할을 하여 건조 시에 토양에 수분을 공급하는 역할을 톡톡히 하였으며 마지막으로 자연적으로 생성된 이 지역의 석회석 동굴은 이 위대한 발포성 와인이 겨울 동안 편안하게 휴식을 취하며 최상의 거품을 생성할 수 있는 최적의 조건을 만들어 주었던 것입니다.

실제로 거품의 생산자들인 효모들은 샹파뉴 지역에 위치한 차가운 석회질 동굴 속의 병 속에서 겨울을 나면서 이산화탄소를 발생시키는데 저온에서 신진대사가 느려져서 아주 미세한 입자의 기포들을 샴페인 속에 축적시킬 수 있답니다. 따라서 샴페인은 타지방과 생산 방법은 거의 동일하지만 샹파뉴 지역의 특징적인 떼루아에 힘입어 최고 품질의 거품을 얻을 수 있는 것이지요. 아울러 이 거품 발생이 종료가 되어 효모들이 각각의 임무를 완수하면 장렬하게도 와인 속으로 산화하여 효모 특유의 세포 구성 성분(인지질, 단백질)들이 와인 속에 녹아들어 토스트나 이스트 계열의 독특한 부케(Bouquet)를 생성합니다. 샴페인은 단순한 발포성 와인인 것이 아니라 이 모든 구성 요소들이 어우러져 만들어진 하나의 복합적인 산물이자 하나의 개념인 것입니다.

샹파뉴 지역의 백악질 토양

PART

후각적인 요소

The Secret of Good Wine

CHAPTER 4

후각적인 요소

The Secret of Good Wine

1. 후각적인 인식

냄새를 나타내는 방향 성분은 코의 후각상피에 존재하는 수용기에 의해 포집된 후 신경계를 통하여 뇌에 전달됩니다. 신경학자들은 각 기본적인 방향 성분과 결합하는 특수한 수용기 부위가 있다고 생각하며, 이러한 기본적인 냄새들의 조합으로 인해서 수많은 다양한 냄새가 발현된다고 여겨지고 있습니다.

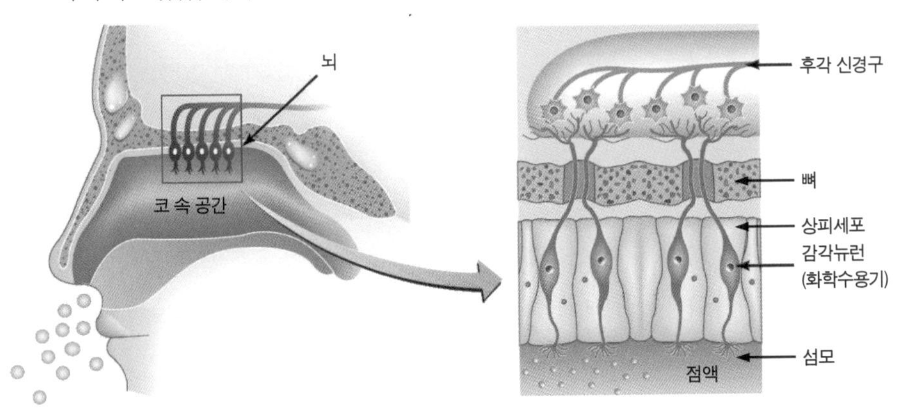

[그림 4-1] 냄새가 감각기관에서 인식되는 원리

이러한 일반적인 후각 감지 메커니즘 이외에도 사람은 개인마다 각각 물질에 대한 인식의 차이가 다른데 이를 기호성(Préférence)이라고 표현합니다. 향의 인식은 냄새 분자(Molécule odorante)의 존재와 농도에 따라 인간의 감각기관에 의하여 감지되지만 그 능력은 모든 사람들에게 동일하지 않고 개개인마다 많은 편차를 보입니다. 감지 능력은 선천적인 요인과 후천적인 학습에 의해서 차이를 보이는데 아무리 선천적으로 감각이 뛰어난 사람이라 하더라도 이론적인 학습과 실질적인 훈련이 부족하다면 와인의 후각적인 요소를 평가하는데 무리가 따르게 되는 것입니다.

우리가 흔히 와인의 마시고도 입버릇처럼 "와인의 향과 맛은 잘 모르겠어, 너무 어려운 것 같아."라고 하는 이유가 바로 와인의 향과 맛을 판단하기 위해 축적된 자료가 뇌에 부족하기 때문인 것입니다. 이는 바로 학습을 통해서 얻어지는 것이고 감각을 통해서 표현되는 것입니다. 정확하게 자료를 이해하고 축적의 과정을 거쳤다면 표현하는 데는 각각의 언어 구사 수준에 달라지겠지만 전체적으로 별문제는 없습니다.

2. 향기(Arôme)와 냄새(Odeur)의 차이

와인은 유기 생명체(Matére vivante)이므로 일생 동안 변화를 지속합니다. 일반적으로 증류주는 오크통 숙성을 거친 기간 동안을 병에 표시하고 와인의 경우에는 포도가 생산된 연도를 기입합니다. 다시 말해서 증류주는 품질에 영향을 주는 제조 기간을 오크통 숙성 기간으로 잡은 데 반하여 와인은 원료가 생산된 시기부터 양조 과정(Vinificaton)과 병입(Bouchage), 그리고 숙성(Vieillissement)까지 전 단계에서 숙성이 진행된다는 것이지요. 따라서 공정 기간이 긴 만큼 결점(Défaut)이 발생할 확률도 높고 전 제조 과정에 걸쳐 보다 세심한 주의가 필요합니다.

이 기간 동안에는 향(Arômes)과는 전혀 다른 와인의 결점에 의해서 나타나는 후각적 요소도 있는데 이것을 앞서 언급한 향과는 구분되도록 냄새(Odeur)[1]라고 지칭하고 이것을 와인의 결점을 나타내는 요소로 판단합니다.

아래의 그림은 와인의 향이 후각에 의해서 감지되는 경로를 설명해 놓은 것입니다. 그림에서 보시는 바와 같이 방향 성분(Flavour)은 직접적인 경로(Voie Orthonasale)와 간접적인 경로(Voie Retronasale)를 통해서 우리 뇌에 인지되는데 시음학(Analysis sensorielle)에서는 전자를 냄새(Odeur), 후자를 향(Arôme)이라고 표현합니다. 이는 앞서 2장의 [표 2-1](P. 31)에서도 자세하게 설명하였지만 와인에 포함된 방향 성분을 인지하기 위해서 섭취가 가능한지의 여부가 두 가지 요소를 구분해 주는 것입니다.

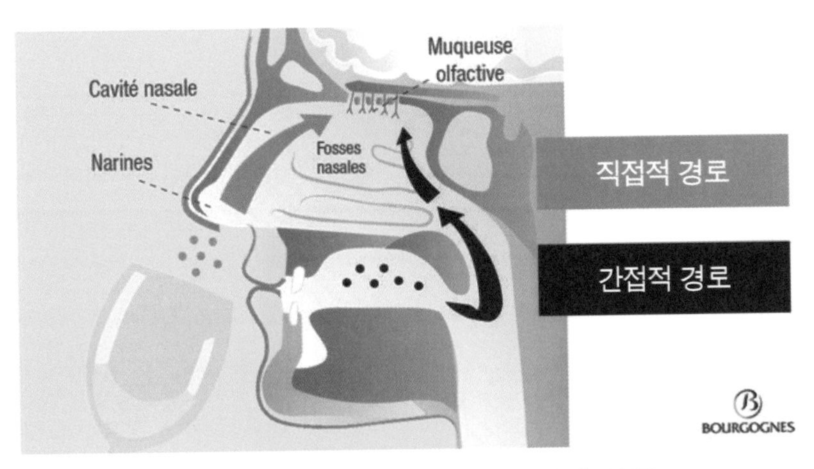

[그림 4-2] 냄새와 향기의 인지 경로 차이(출처 : BIVB)

1) 시음학에서는 향과 냄새를 구분합니다.

[그림 4-2]에서 냄새는 직접적인 경로로 인하여 인지되지만 향기는 구강으로 섭취된 후 간접적인 경로를 통하여 인지된다는 구체적으로 보여주고 있습니다. 각기 다른 경로를 지난 방향 성분은 결국 후각 감각기(Muqueuse olfactive)를 통해 인지된 후 대뇌로 전달되어 판단되는 동일한 메커니즘을 보여주지만, 구강을 통한 방법은 와인이 밀폐된 공간인 입속에서 체온에 의해 덥혀져서 더욱 인지가 용이해집니다. 이 원리를 응용한 GC/MS라는 기기는 와인에 포함된 방향 성분의 분석을 더욱 용이하게 해줍니다. GC/MS에 대한 자세한 설명은 심화학습란에서 참고하시기 바랍니다.

그렇다면 이제부터는 후각 판별을 위한 요소, 와인의 향과 냄새에 대해서 알아보도록 하겠습니다. 전문적인 영역인 만큼 많은 향기와 이것을 구성하는 방향성 화합물들이 거론될 것입니다. 처음에는 조금 낯설게 느껴지더라도 꾸준히 반복해서 읽으신다면 앞으로 여러분들의 와인 공부를 심화시킬 수 있는 탄탄한 기초를 쌓으실 수 있을 것입니다.

심/화/학/습 1 기기 분석

향기를 분석하기 위해서 많이 사용하는 GC/MS(Gas Chromatography -Mass Spectrometry)라는 기기는 방향 성분을 용이하게 분석하기 위한 밀폐된 공간(Chambre)과 오븐을 가지고 있는데, 이는 와인이 사람의 밀폐된 입속에서 인체의 체온으로 덥혀져서 분석에 용이하게 방향 성분이 잘 기화될 수 있도록 하는 것과 동일한 원리라고 할 수 있습니다.

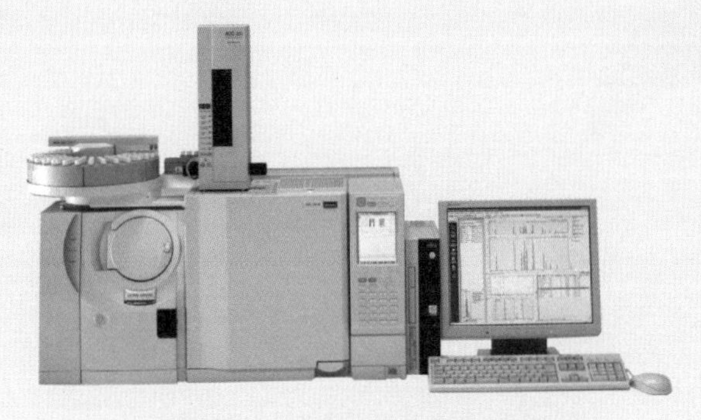

Gas Chromatography-Mass Spectrometry

이 GC/MS라는 기기는 와인 속의 여러 가지 복잡한 방향 성분을 찾아낼 수는 있지만 자료를 입력해 주지 않은 성분의 무엇인지는 알 수 없는 한계점을 가지고 있습니다. 즉 "정체를 모르는 어떤 방향 성분이 얼마만큼 있다."만 나타낼 수 있는 것이지요. 이 방향 성분은 우리가 미리 입력해 준 특정한 방향 성분과의 일치하는지의 여부로 어떤 것인지 판별할 수 있습니다. 예를 들자면 "뮈스까(Muscat) 포도 품종의 주된 방향 성분인 '리나롤(Linarol)[1]'이 일정한 조건에서 기기 작동을 시작한 지 10분 35초 만에 검출되었으니 이 기기에서 10분 35초 만

---

1) 테르펜계 알코올, 장미, 바이올렛 향을 나타낸다.

에 나온 성분은 '리나롤'일 것이다."라는 원리이지요. 검출된 리나롤의 양은 우리가 미리 주입해준 양으로 인하여 나타나는 면적과 비교 후 계산해 냅니다.

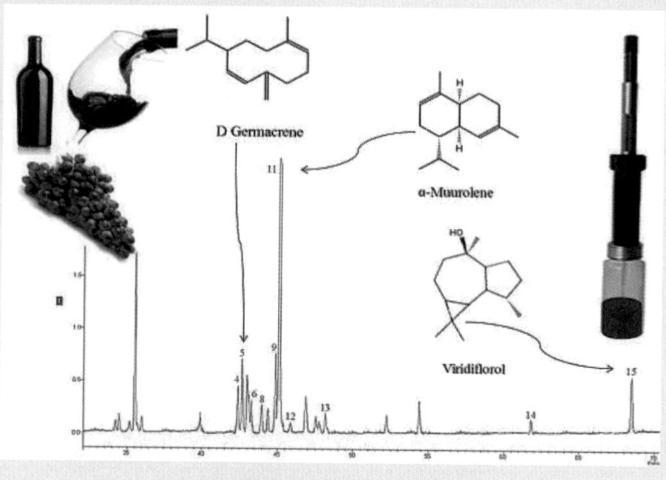

GC/MS에 의해 분석된 와인의 향기

위와 같은 기기 분석 방법은 인간의 시음만으로는 한계점에 와 있던 와인의 양조 방법과 품질관리를 발전시키는데 획기적인 변화를 가져왔고 현대 와인 양조학에서 와인 품질의 관리를 위해 필수적으로 적용되는 방식입니다. 일반적으로 와인 시음은 선호도 검사, 기기 분석은 품질검사가 주목적이라는 점을 상기하시기 바랍니다.

3. 세 가지의 와인 향

와인의 향은 3가지의 커다란 그룹(1차, 2차, 3차)으로 구성됩니다. 이는 포도 재배 과정(Viticulture)부터 와인 양조(Vinification)를 거쳐 병입(Embouteille) 후 숙성(Vieillissement)까지의 기간 동안 향기가 생성되는 시기에 따라서 나눈 것입니다. 이들은 일반적으로 여러 가지 계열로 분류되는데 최근에 와인 향의 연구로 저명한 프랑스의 Oenologue[2]인 리차드 파이스터(Richard Pfister)의 분류표를 실었습니다. 그는 자신의 저서인 《와인의 향기(Le livre Les Parfums du Vin)》에서 와인의 향 아홉 그룹과 와인의 결점에 관련된 냄새 한 그룹을 제시하였습니다. 이는 에밀뻬노(Emile Peynaud)[3] 이후 현재까지 가장 체계적으로 와인의 방향 성분을 분류한 것으로 여겨지고 있으며 2015년 국제 와인기구(OIV)에서 우수도서로 추천되기도 했습니다.

[사진 4-1 《Le livre Les Parfums du Vin》]

---

2) 에놀로그 : 와인 연구가
3) 현대 와인 양조학의 대부라고 일컬어짐

[표 4-1] 리처드 파이스터의 152가지 향 분류

과실		플로랄	동물성	향신료
감귤류 베르가못 레몬 라임 만다린 오렌지 자몽	**장과류** (적/흑색 과일) 카시스 딸기 나무딸기 까치밥나무 열매 블랙베리 블루베리 건포도	**정원꽃** 카밀러 제라늄 이리스 은방울꽃 나르시스 패랭이꽃 바이올렛	**동물성** 용연 향 해리 향 (비버) 벌집밀납 사향 가죽 머스크 말의 땀내 야생동물(육즙)	**향신료** 아니스 계피 소두구 정향 고수 커민 강낭콩 노간주나무 생강 육두구 (검은)후추 사프란 바닐라
이국적 과일 파인애플 바나나 패션 프루트 리치 망고 멜론 수박	**과수류** (백색 과일 포함) 살구 체리 모과 무화과 미라벨 올리브 복숭아 배 풋사과 과숙된 사과 말린 자두	**소관목** 산사나무 인동덩굴 딱총나무꽃 금작화 재스민 라벤더 라일락 모란 장미		**향기 식물** 바질릭 시트로넬 타라곤 용담속 미나리과 약초 꽃박하 후추향 박하 파슬리 로즈메리 샐비어 백리향 마편초
견과류 아몬드 개암 호두 코코넛		**수목** 아카시꽃 오렌지꽃 백합 보리수꽃		

식물성	나무/발삼	화독/훈현	미네랄	발효/유취

신선 식물
마늘
가시스 싹
회양목
셀러리
배추
오이
회향
약초
송악
양파
작은 콩
푸른 피망
대황
콩(대두)

건 식물
건초
모자반속
파출리
감초
백담배
갈색담대
흑차
녹차
쇠풀

버섯류
파리버섯
효모
트뤼프
쇠풀

나무
서양삼나무
떡갈나무
향초
유칼립투스
코르크
떡갈나무 순
소나무
백단향
소초목
측백나무

훈현 향
카카오
커피
카라멜
밀크 초콜릿
자작나무 진
토스트

미네랄
백묵
철
요드
석유
부싯돌
이탄

유취
버터
치즈
우유

결점/화학

알코올
상한 버터
고무
썩은 물
부쇼네
이끼
썩은 달걀
비누
황
아세톤
식초

• 1차 향(Les arômes Primaires)

1차 향이란 포도 품종(Cépage) 자체의 유전자(Le code génétique)에서 나오는 고유한 향을 통칭하며 3가지 그룹 중 가장 다양한 종류의 향을 가지고 있습니다. 향 분자들은 일반적으로 포도껍질 내피에 존재하다가 침용 과정(Maceration)[4]을 거치며 포도즙(Moût)으로 추출되어 나오는데 그 자체나 혹은 전구체(Précurseur)[5]의 상태로 효소(Enzyme)와 반응 후 활성화되어 감각기관에 인지되게 됩니다. 그러나 동일한 품종의 포도라 할지라도 Terroir(토질, 기후, 경작 방법)[6]에 따라 달라질 수 있다는 것이 많은 연구 결과로서 보고되고 있습니다.

그렇다면 이렇게 많은 향을 어떻게 다 암기하여 표현할 수 있을까요? 일반적으로 와인 애호가나 비전문가들 사이에서는 그 향의 특징을 나타내는 그룹만 언급해도 훌륭한 시음가로 인정받습니다. 예를 들자면 '이 화이트 와인은 이국적인(Exotique) 과실 냄새가 난다.'라고 하면 우리는 구체적으로 과실의 이름을 언급하지 않더라도 그 향기가 바나나, 파인애플, 리치 등 남국의 느낌을 대표할 수 있는 과실들로 인식할 수 있는 것이지요. 나무 향(Boise) 그룹은 떡갈나무, 코르크, 향신료(Epice) 그룹은 계피, 생강, 후추 등 9가지 그룹과 그를 대표하는 과실 몇 가지만 알아두신다면 와인 시음 표현이 한층 쉬워질 겁니다.

그렇다면 우리에게 잘 알려진 몇 가지 구체적인 포도 품종의 1차 향을 한번 살펴보도록 하겠습니다.

---

4) 포도 과피와 즙을 접촉시켜 추출하는 공정
5) 그 자체로는 형질이 나타나지 않고 다른 반응 기작을 통하여 성질이 발현되는 물질
6) 와인의 개성과 품질에 영향을 주는 모든 요소, 기후 토질, 인간적 요소 등 3가지 요소로 구분됨

1) 뮈스까(Muscat)

이탈리아를 대표하는 발포성 와인으로 잘 알려진 모스카토 다스티(Moscato d'asti)는 뮈스까 품종으로 생산되며 이 품종의 특성을 보여주는 주된 향기는 장미, 바이올렛, 시트로넬(Terpéniques, Norisoprénoïdes) 향이며 비슷한 향기를 가지는 품종으로는 게부르쯔타미너(Gewurztraminer), 리슬링(Riesling), 실바너(Sylvaner) 등이 있습니다.

2) 소비뇽(Sauvignon)

가장 잘 알려진 품종의 하나인 소비뇽은 회양목, 금작화, 자몽(Pample mouss), 서양자두, 카시스 등의 주된 향기를 가지고 있으며 이는 주로 티올(Thiol)이라는 방향 성분으로부터 나옵니다. 이 품종은 재배되는 지역(Terroir)에 따라 약간씩 향기가 달라지는데 서늘한 남반구 품종은 회양목이나 아스파라거스 향이 두드러지며 경작 시에 오이디움(Oidium)[7]을 예방하기 위해서 살포하는 보르도 액(Bouillie Bordelaise)이나 과성숙, 그리고 산화에 의해 쉽게 손상될 수 있어 와인 생산자들은 이 점에 주의해서 포도를 경작합니다.

---

7) 포도의 대표적인 병충해

심/화/학/습 2 보르도 액(Bouillie Bordelaise)

19세기 후반 파스퇴르의 제자로서 보르도 와인 양조 대학의 학장이던 율리스 게이용(Ulysse Gayon)은 프랑스 와인 산업에 커다란 공헌을 하게 됩니다. 필록세라(Phylloxera)가 나타나기 전 당시 와인 산업의 주된 골칫거리였던 오이듐(Oidium)과 밀듀(Mildieu)[1]를 동시에 예방할 수 있는 당시로서 획기적인 보르도 액을 만들어 낸 것입니다. 이는 구리, 황, 그리고 석회를 혼합하여 결정화시킨 후 물에 타서 사용하는 살충제로서 오늘날까지 포도 생산을 비롯한 수많은 다른 농작물들을 친환경적인 방법으로 생산하기 위해서 많이 사용됩니다.

최근에 들어서 과도한 사용은 균근(Mycorhize)의 생육을 저해시켜 유기농법의 취지와는 거리가 있다는 견해도 나오고 있지만, 현재 유기농법(Agriculture Biologique)과 생명역동농법(Biodynamie)을 인증받는데 허용된 유일한 화학 합성 살충제(Pesticide)입니다.

율리스 게이용(1845~1929)과 보르도 액

1) 포도의 대표적인 병충해

3) 카베르네(Cabernet)

Cabernet 품종은 푸른 피망, 아스파라거스 등 식물성(Végétal) 향의 특징을 강하게 나타냅니다. 이들을 구성하는 주된 향기 성분은 메톡시 피라진(Méthoxy-Pyrazine), 테르피네올(Terpinenol)이며 가장 많이 알려진 카베르네 소비뇽 품종의 향기를 맡을 때 처음에 밀려오는 환원취(버섯, 양파, 파)[8]와 푸른 피망, 아스파라거스 등과 같이 '구릿한(Animal)' 냄새가 바로 황을 포함한 화합물인 피라진을 표현되는 향인 것을 기억하시기 바랍니다.

4) 기타 품종(Vitis vinefera)

보졸레 누보의 주요 품종인 가메(Gamay)는 체리와 붉은 과일 향기를 나타내며, 부르고뉴 와인의 대명사인 피노느와(Pinot Noir)는 바이올렛과 딸기 향을, 장기 숙성형 화이트 와인의 대명사인 샤르도네(Chardonnay) 품종 중 부르고뉴에서 생산된 그랑크뤼(Grand crus)[9]는 떡갈나무 향을 진하게 나타냅니다. 앞에서 언급된 리슬링(Riesling) 품종은 금잔화, 금작화, 포도/복숭아꽃 향기를 나타내는데 특히 오래 숙성된 경우는 벤젠 혹은 페트롤의 뉘앙스를 나타내는데 이는 와인에 포함된 다량의 탄화수소 때문이며, 이를 선호하는 사람들도 더러 있습니다.

5) 국산 품종(Vitis Labrusca)

마지막으로 우리나라에서 많이 재배되고 있는 비티스 라부르스카(Vitis Labrusca) 품종으로 만들어진 와인은 폭시(Foxy) 향기 성분이 지배적인 것으로 알려져 사람들이 저평가되는 경향이 있으나 실제로 이 중 몇몇 분자들

---

8) 와인이 극도로 산소와 접촉이 제한되어 생기는 냄새로서 간단한 산소 접촉에 의해서 없어진다.
9) 명산품

은 피노느와의 향에 다수 포함된 것으로도 알려져 있습니다. 2013년도에 필자가 프랑스의 Sarco연구소[10]에 의뢰한 결과로는 영동 지방에서 재배된 캠벨얼리(Campbell early)[11]로 만든 로제 와인에서는 이 성분이 검출되지 않았습니다. 캠벨얼리로 만든 국산 와인은 프랑스 Laffort사에서 딸기, 체리, 젤리의 향이 지배적이라는 평을 받았습니다.

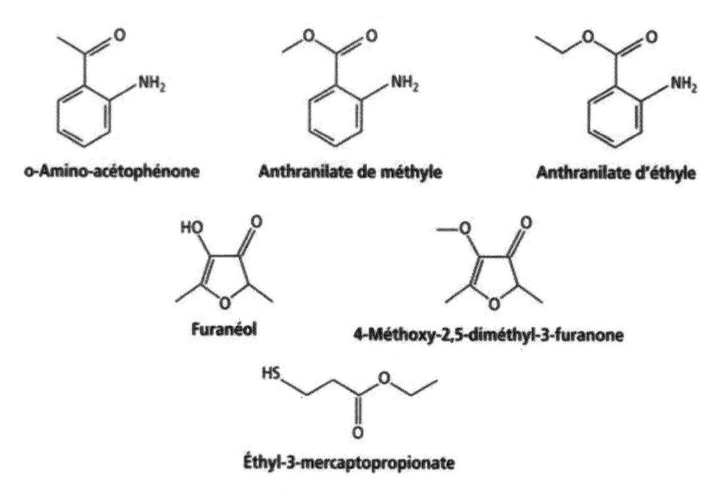

[그림 4-3] Vitis Labrusca 품종의 주요 향기 성분(Traité d'oenologie)

---

10) 프랑스의 와인양조학 연구소
11) 비티스 라부르스카 계열의 교잡종으로 한국 포도 생산의 70% 이상을 차지함

[표 4-2] 주요 1차 향

포도 품종	방향 성분	향기
머스켓, (게부르쯔타미너 리슬링, 실바너)	테르페닉 알코올 (Alcool terpénique), 노리소프레노이드 (Norisoprénoïdes)	장미, 바이올렛, 시트로넬
소비뇽	띠올 바리에또 (Thiol varietaux)	회양목, 금작화, 자몽, 서양자두, 카시스
카베르네	메톡시 피라진 (Méthoxy-pyrazine), 테르피네올 (Terpinenol)	환원취, 아스파라거스, 피망
기타 품종 (Vitis vinefera)	베타-이오논 (β -ionone), 뷰티레이트 에틸 (Butyrate d'ethyle)	딸기, 바이올렛
국산 품종 (Vitis Labrusca)	메/에틸 안트라닐라트 (Me/Ethyl nthranilate), 퓨라네올 (Furanéol)	Foxy

• 2차 향(Les arômes Secondaires)

2차 향이란 주로 와인 양조 과정의 특성을 반영하는 향으로서 침용(Macération) 시 효소 반응, 알코올 발효(Fermentation Alcoolique) 시 효모(Levure)의 활동, 젖산 발효(Fermentation Malolactique) 시 박테리아의 활동으로 인한 양조 과정(Vinification) 도중에 생성되는 모든 향을 말합니다. 2차 향에 영향을 주는 요인으로는 효모와 박테리아의 종류, 포도즙의 성분 함량(당, 질소), 침용 및 발효 방법(온도, 시간, pH 등)이 있으며 이들은 주로 알코올, 산 그리고 에스터 종류가 있습니다.

2차 향에 영향을 끼치는 대표적인 와인 양조 방법의 예를 들자면 저온 발효에서는 고급 알코올의 생성이 저해되고 에스트로겐([o]estrogènes)[12] 분비 효모에 의해 에스터의 비율이 높아져 과실 향의 증대로 인한 와인의 향미를 향상시키므로 화이트 와인 양조에 필수적으로 사용됩니다. 만일 발효 중에 침용과 산소 공급이 병행되거나 발효 중에 질소가 부족하면 고급 알코올의 생성률이 높아집니다. 따라서 이는 와인의 향미를 유지하기 위해 에스터의 생성을 촉진해야 하는 화이트 와인의 양조 시에 엄격하게 조절되어야 할 양조 방법인 것입니다.

1) 알코올(Alcool)

분자량이 큰 고급 알코올은 그리 강하지는 않지만 오래 지속되는 특징을 가지고 있으며 대체로 아미노산이 에리히(Ehrlich) 반응에 의해서 생성되므로 곡류로 제조되는 양조주의 '달콤하게' 느껴지는 주요 향기 성분입니다. 대표적인 것으로는 각각 발린(Valine), 루신(Leucine), 이소루신(Isoleucine), 페닐알라닌(Phenyl alanine)에서 생성되는 이소부틸 알코올(Alcool isobutylique),

12) 호르몬의 한 종류

이소아밀 알코올(Alcool isoamylique), 아밀릭 알코올(Alcool amylique), 페닐에틸 알코올(Alcool phénylèthylique) 등이 있습니다. 이외에도 장미 향을 나타내는 트리토폴(Tryptopol), 버섯 향을 나타내는 옥테놀(Octeneol) 등이 알코올 계열의 2차 향입니다.

2) 산(Acide)

젖산이나 초산, 숙신산 등은 박테리아에 의한 발효로 생성된 산입니다. 이들은 와인에 소량으로 존재하며 후각기관에는 주로 비누 냄새(Savon)로 인지됩니다.

3) 에스터(Ester)

와인을 포함한 발효된 과실주에 가장 흔하게 존재하는 에틸 아세테이트는 휘발성의 시큼한 느낌을 주며 적정한 조건(맑은 포도즙, 저온 조건)에서 발효된다면 앞서서 언급된 바와 같이 에스트로겐 분비 효모에 의해 생성이 저해되므로 와인의 향미가 증대됩니다. 일반적으로 에스터는 와인의 과실 향과 부케를 이루는 주요한 성분이며 작은 분자량 때문에 휘발성이 좋아서 사라지기 쉽지만 강인한 향취를 남깁니다. 이는 와인의 숙성 중 가수분해 및 효소의 작용과 더불어 점차 감소하여 약 3년 이후에는 거의 나타나지 않게 됩니다

4) 그 외의 2차 향

그 외의 2차 향으로서는 알데하이드(Aldéhyde)와 케톤(Cétone) 계열의 성분들이 주를 이루고 있는데 이는 산화 효과를 얻어야 특성이 나타나는 와인들(포트와인, 세리와인 등)에게는 필수적인 요소입니다.

알코올과 산의 에스터화(Esterification) 반응에 의해서 나타나는 Lactone

계열의 2차 향인 소토론(Sotolon)이나 뷰티로 락톤(Butyro-lactone) 등은 소테른의 귀부 와인이나 세리 와인의 특징을 나타내주는 견과류 향의 주성분입니다.

발효 과정 중 효모에 의해서 발생하는 황 성분이 주가 되는 방향 성분들은 환원취의 주원인이 되며 이들은 버섯, 배추, 고무 등의 냄새로 와인에 좋지 않은 영향을 주기도 하지만 샴페인 제조 시에는 토스트나 빵 반죽 냄새 같은 특이한 향을 생성시켜 기호도를 증대시키기도 합니다.

박테리아로 인해서 젖산 발효 시 생성되는 에틸 락테이트(Lactate d'éthyle), 프로피오나트(Propionate), 에틸 뷰티레이트(Butyrate d'éthyle)는 와인의 향미를 증진시켜 주며 특히 디아세틸(Diacétyle)은 와인에 신선한 버터 냄새를 가져다주지만 때에 따라서는 결점으로도 여겨집니다.

계열	방향 성분	향기
알코올	이소부틸(Isobutylique) /이소아밀(Isoamylique) /아밀릭(Amylique) /페닐에틸 알코올(Alcool phényléthylique), 트리토폴(Tryptopol), 옥테놀(Octeneol)	달콤함(사케) 장미, 버섯
산	젖산, 초산, 숙신산	비누
에스터	에틸 아세테이트 (Acétate d'éthyle)	시큼함(식초),
그 외의 2차 향	소토론(Sotolon)/뷰티로 락톤(Butyro- lactone), 디아세틸(Diacétyle)	견과류, 신선한 버터 냄새

[표 4-3] 주요 2차 향

• 3차 향(Les arômes Tertiaires)

3차 향이란 2차 향을 생성하는 모든 양조 공정이 종료된 후 양조통(Cuve)이나 배럴(Fûts de chéne) 그리고 병(Bouteille) 속에서 1, 2차 향들을 포함한 모든 방향 성분들이 숙성(Vieillissement) 과정 중 주로 산화환원(Oxydo-Réductions) 반응을 통하여 형성되는 모든 향을 지칭합니다.

3차 향에 영향을 끼치는 주요 요인으로는 오크통 배럴의 제조 온도(Brûlé), 저장 용기(병, 배럴, 양조통)의 종류, 작업(Soutirage[13], Entonnage[14], Ouillage[15], Batonnage[16]) 빈도, 미세 산화(Micro- oxygenation) 정도와 숙성 기간, 온도, 빛의 영향을 받는데 이들은 주로 산화 환원력(Potentiel d'oxydo-réductions)에 영향을 주는 요소로서 19세기에 파스퇴르 박사가 와인 숙성에 관련된 산화 효과에 대해 처음으로 언급했습니다.

3차 향은 숙성 과정 중에서 와인이 포함하고 있는 알코올과 산의 에스터 반응이나 당분과 단백질의 마이야(Maillard) 반응에 의해서 주로 생성되는 것으로 알려져 있습니다.

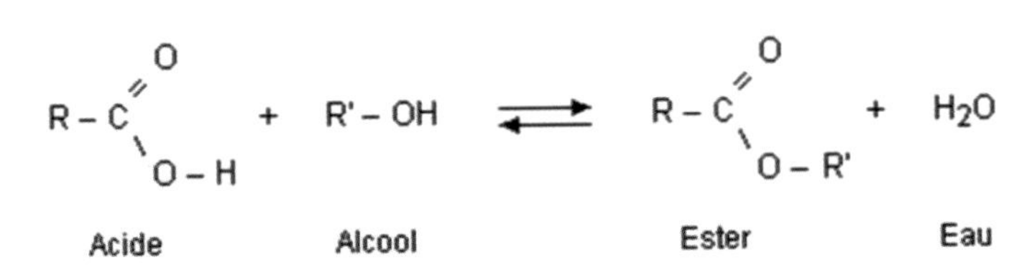

[그림 4-4] 알코올과 산의 에스터화

13) 수티라쥬 : 와인 거르기
14) 엉또나쥬 : 양조/숙성통에 와인을 채우기
15) 우이아쥬 : 숙성통에 와인을 가득 채우기
16) 바또나쥬 : 양조통의 화이트 와인을 저어주기

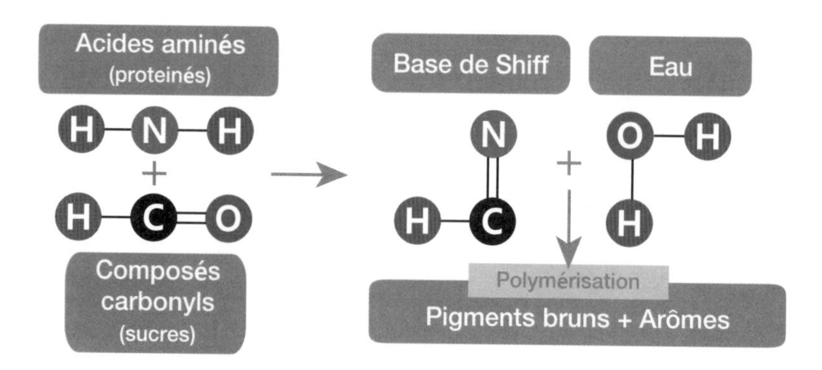

[그림 4-5] 마이야 반응

3차 향을 생성하는 마이야 반응은 특히 당분을 많이 포함하고 있는 스위트 와인이 시간이 지나며 갈색을 띠는 현상을 잘 설명해 주고 있습니다. '부케(Bouquet)'라고 잘 알려져 있는 3차 향은 와인의 원료가 되는 포도 열매에서는 찾아볼 수 없는 이질적인 커피, 아몬드, 초콜릿, 트뤼프(Truffe)[17] 향과 같은 것이 대부분으로서 이런 향기를 지닌 와인은 일반적으로 오랜 숙성을 거친 고급 와인이라고 평가를 받게 됩니다. 그러나 숙성기간 중 생성된 모든 향기를 부케가 되는 것은 아니고 우리의 미각에 불쾌감을 주거나 와인의 밸런스를 깨뜨린다고 여겨지는 향들은 여지없이 와인의 결점으로 불리게 되는데 대표적으로 우리에게 잘 알려진 부쇼네(Goût de bouchon), 빛바랜 맛(Le Goût de Lumière) 등이 이에 해당합니다. 와인의 결점은 다음 부분에서 자세히 설명하도록 하겠습니다.

17) 프랑스 요리 재료가 되는 고급 버섯

심/화/학/습 3 빛바랜 맛(Le Goût de Lumière)

숙성이나 저장 과정 중 특히 주의해야 할 점 한 가지는 병입된 와인을 절대로 빛 아래에 저장해서는 안 된다는 것입니다. 병입 후 숙성과정 중 파장 400nm 영역의 네온이나 나트륨 전구에 의하여 방출되는 빛은 와인 속의 Rivoflavine(비타민 B_2)을 산화시키는데, 이것은 와인 속의 메티오닌(Méthionine)을 메탄에티올(Méthanethiol)이나 디메틸 설파이트(Sulfure de diméthyle)로 변환시켜서 와인이 시어지며 양배추나 젖은 모직 냄새를 나타내게 만듭니다. 이를 가리켜 빛바랜 맛(Le Goût de Lumière)이라고 표현하는데 대표적인 화이트 와인의 결점(Défaut)을 나타내는 증상입니다.

우리가 앞에서 배운 시각 평가 부분을 다시 보자면 파장 400nm 영역의 빛은 보라색 빛을 흡수하여 보색인 연녹색(플라보노이드)으로 나타난다고 말씀드렸지요. 따라서 이에 대한 와인의 손상을 방지하기 위해서 화이트 와인병의 색깔이 연녹색으로 만들어져 있는 것입니다.

Le Goût de Lumière(빛바랜 맛)

모든 와인이 오랜 저장 기간을 지났다고 해서 부케를 가질 수 있는 것은 아니고 부케를 가질 수 있을 만큼의 장기 숙성(몇 년~몇십 년)을 견딜 수 있는 잠재력(Potentiel)을 가진 와인들만 이 숙성 과정을 겪으면서 부케를 얻게 되는 것입니다. 장기 숙성을 견뎌낼 만한 잠재력이 없는 와인을 그냥 묵혀둔다면 색깔을 구성하는 적색의 폴리페놀 성분이 안정화를 이루지 못하고 단시간 내에 침전되기 때문에 와인은 벽돌색으로 변하고 아울러 부족한 유기물 때문에 와인의 향기가 모두 다 소멸되어 밋밋한 맛(Eventé)의 와인이 돼 버리고 마는 것입니다.

예를 들자면, 보졸레 누보(Beaujolais nouveau) 같이 양조 후 단기간 내에 마시기 위한 와인들을 장기 보관하려다간 김빠진 갈색의 침전물이 가득한 액체를 마시게 될 가능성이 큰 것입니다. 그래서 자연스러운 부케가 생성될 만큼의 세월을 견뎌온 와인이라면 마실만해 졌을 즈음 가격이 올라갈 테고 더군다나 희소성이 있는 밀레짐(Millésime, 영 Vintage : 와인의 생산 연도)에 유명한 생산자의 와인이라면 그 가치는 말씀드릴 필요가 없겠지요?

이 3차 향인 부케 가운데서 오크통 숙성으로 생성되는 대표적인 물질들로는 나무나 코코넛 향을 나타내는 베타 락톤(β-lactone), 정향을 나타내는 가이아콜(Gaïacol), 식빵/효모 냄새를 나타내는 알데히드 퓨라닉(Aldehyde furanique) 이나 캐러멜을 나타내는 퓨라네올(Furaneol) 등이 있습니다.

이외에도 커피 향을 나타내는 퓨퍼릴 티올(Furfuryl thiol), 트뤼프 향을 나타내는 디메틸 설퍼(Diméthyle sulfure), 계피를 나타내는 페닐 프로판올(Phényl-propanol), 사향 냄새를 나타내는 뮤스콘(Muscone), 후추를 나타내는 로튜톤(Lotuton), 코코아 열매를 상기시키는 감마-옥탈라톤(γ-octalactone), 아몬드나 호두 냄새를 나타내는 헵타노에이트(Heptanoate), 향신료나 나무 향을 나타내는 베르베논(Verbenone)이나 알파-산타놀(α-santanol) 등이 우리에게 잘 알려져 있습니다.

방향 성분	향기	방향 성분	향기
베타-락톤 (β-lactone)	나무, 코코넛	페닐 프로판올 (Phényl-propanol)	계피
가이아콜 (Gaïacol)	정향	뮤스콘 (Muscone)	사향
알데히드 퓨라닉 (Aldehyde furanique)	식빵 (효모)	감마-옥탈라톤 (γ-octalactone)	코코아 열매
퓨라네올 (Furaneol)	카라멜	헵타노에이트 (Heptanoate)	아몬드, 호두
퓨퍼릴 티올 (Furfuryl thiol)	커피	베르베논(Verbenone), 알파-산타놀(α-santanol)	향신료, 나무
디메틸 설퍼 (Diméthyle sulfure)	트뤼프		

[표 4-4] 주요 3차 향

4. 와인의 병(Maladie du vin) : 생산자 필독 부분

향(Arome)은 크게 3개의 그룹으로 나뉜다는 것을 앞서 자세히 설명드렸으니 이 부분에서는 와인의 결점을 야기하는 와인의 병(Maladie du vin)에 대해서 살펴보도록 하겠습니다. 결점을 나타내는 냄새는 크게 미생물에 의해 발생하는 경우(Maladie)와 화학작용에 의해 나타나는 경우가 있는데, 19세기 중엽 파스퇴르에 의해서 와인의 병이 대부분은 미생물(효모, 박테리아)에 의한 변패라는 것을 밝혀냈습니다.

• 효모 계열에 의한 와인의 병과 결점

1) 브레타노미세스(Bretanomyces)

효모의 한 종류인 브레타노미세스에 의해서 감염된 와인은 와인에서 퀴퀴한 냄새(마구간, 말의 땀, 가죽 냄새)가 나타나는데 이는 양조장에 흔히 서식하는 이 균이 와인 속의 유기산을 휘발성 페놀로 변환시켜 불쾌한 냄새를 생성을 하기 때문입니다.

2) 칸디다(Candida)

역시 또 다른 효모인 칸디다에 의해서 감염된 와인은 표면에 흰색 막이 생성되며, 풋사과 냄새가 나고 마셨을 때 김빠진 맛(Event)이 나는데 이는 양조장에 흔히 서식하는 Candida, Hansnula 등의 효모들이 와인의 알코올(에탄올)을 아세트알데히드로 산화시키며 이산화탄소를 생성하기 때문입니다.

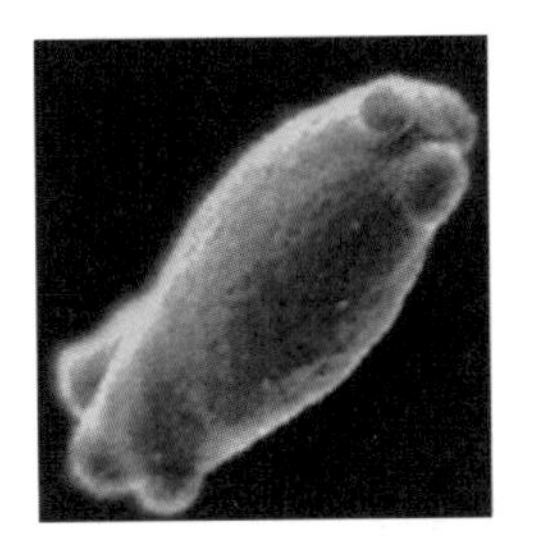

[사진 4-2] Bretanomyces와 Candida

• 박테리아에 의한 와인의 병과 결점

1) 초산균

식초를 만드는 것으로 잘 알려진 초산균은 박테리아로서 완성된 와인을 공기 중의 산소와 반응시켜 와인 속의 에탄올을 산소와 결합시켜 초산과 에틸 아세테이트를 생성시킵니다(Piqûre acétique).

$$CH_3\text{-}CH_2OH + O_2 \dashrightarrow CH_3\text{-}COOH$$

이 과정을 초산 발효라고 하는데 초산 발효를 거친 와인은 코를 찌르는 자극적인 식초 냄새가 강하게 나서 마실 수가 없게 되는 것입니다. 물론 더 진행된다면 와인 속의 알코올이 모두 초산으로 변해서 결국은 식초가 되겠지요. 한 가지 짚고 넘어가야 할 것은 와인이 산화된다고 해서 모두 식초가 되는 것은 아니라 초산균에 감염된 와인만이 식초로 변화된다는 것입니다. 현재까지는 초파리가 초산균을 옮기는 주요한 매개체로 알려져 있어 와인 생산 시에 이들을 예방하는데 각별한 주의를 기울여야 합니다.

2) 젖산균

역시 박테리아인 젖산균에 의해서 와인에 생기는 결점으로는 젖산 감염(Piqûre lactique)이 있습니다. 이 결점에 노출된 와인은 진한 유(乳)취와 휘발산이 증가하게 되며 이는 젖산 박테리아가 와인 속에 남아 있는 당분을 분해시켜 젖산과 이차 생성물인 휘발산(에타노익 산 : Acide éthanoïque, 마니톨 : Mannitol) 등을 생성함으로써 나타나는 증상인 것입니다. 이 증상에 감염된 와인은 생성된 유취와 증가한 휘발산으로 인하여 음용 시에 느끼하고 불쾌한 느낌을 주는 전혀 다른 액체로 변하게 됩니다.

3) 구연/주석산 분해(Maladie de la tourne)

포도와 와인을 이루는 주요 산(Acid)인 구연산이나 주석산은 박테리아에 의해서 분해가 될 수 있는데(Tourne) 이 증상은 와인 내에 지나치게 많은 구연산의 함량, 부족한 SO_2 함량으로 인하여 젖산균이 구연산을 분해하여 아세토인(Acetoin : 버터 냄새)과 에타노익산을 생성하며 이에 감염된 와인은 불결한 냄새(취)와 휘발산의 증가로 인하여 마시기 힘든 와인이 되고 맙니다.

4) 글리세롤 분해(Maladie de l'amertume)

젖산균은 또 와인의 풍만감에 커다란 영향을 주는 글리세롤을 분해(Amertume)하여 와인의 점도가 떨어지고 쓴맛이 강하게 나타게 하는데 이는 낮은 산도와 부족한 아황산의 함량으로 인하여 젖산균이 글리세롤(와인의 풍만감, 볼륨감을 주는 주성분)을 분해하여 에타노익산과 쓴맛을 나타내는 아크롤레인(Acrolein)을 생성하기 때문입니다.

5) 기름 병(Maladie Graisse)

기름 병(Graisse)에 감염된 와인은 미각적으로는 큰 이상이 없으나 점도가 유난히 높아지는 특징을 나타내는데 이는 바로 로코노스톡(Leuconostoc) 박테리아에 의해 와인에 다당질 콜로이드[18]가 생성되어 와인의 점성이 식용유와 같이 매우 높아집니다.

[사진 4-3] 기름 병(Maladie Graisse)에 감염된 와인

이것은 상당히 오래된 역사를 가진 와인의 병(病)이지만 근대에 들어 사라졌다가 최근에 다시 보고되고 있습니다.

---

18) Colloid, 작은 분자가 액체에 분산되어 있는 상태

원인		방향 성분	증상
효모	브레타노미세스 (Bretanomyces)	에틸 페놀/가이아콜 (Ethyl phenol/gaïacol) 비닐 페놀/가이아콜 (Vinyl phenol/gaïacol)	마구간, 말의 땀, 가죽 냄새
	칸디다 (Candida)	아세트 알데히드 (Acetaldehyde)	풋사과, 김빠진 맛 (Event)
박테리아	초산 발효 (Piqûre acétique)	초산, 에틸 아세테이트 (Ethyl acetate)	자극적인 냄새 (식초)
	젖산 공격 (Piqûre lactique)	마니톨(Mannitol), 에타노익산 (Acide éthanoïque)	진한 유(乳)취, 휘발산 증가
	구연산/주석산 분해(Tourne)	아세토인(Acetoin), 에타노익산 (Acide éthanoïque)	불결한 냄새(쥐), 휘발산 증가
	글리세롤 분해 (Amertume)	에타노익산 (Acide éthanoïque), 아크롤레인 (Acrolein)	와인의 점도가 떨어지고 쓴맛
	기름병(Graisse)	다당질 콜로이드 증가	와인의 점도 증가

[표 4-5] 와인의 병(Maladie du vin)

읽/을/거/리 1 에놀로그(Oenologue)

에놀로그(Oenologue)란 어원적으로 라틴어에 근원을 둔 "와인의 과학을 이해하는 사람"으로서 포도로부터 와인과 포도 제품의 개발에 대한 모든 지식과 자격을 갖춘 전문가로 정의되어 있습니다.

이들의 주요 업무로서는,

1. 포도원의 설립 및 구성 자문
2. 와인 양조 기술 연구 및 장비, 설비의 설계와 운용
3. 관련 제품의 분석(물리/화학/생물학/미각적)을 수행하고 그 결과를 해석
4. 유통업자의 요구를 반영하고 소믈리에에게 와인에 대한 모든 정보를 제공

등이 있으며 주로 연구소, 협동조합, 와이너리 등에서 생산과 교육 및 연구 업무에 종사하고 있습니다.

프랑스에는 여러 양조학 관련 교육 과정이 있지만 농림부와 고등교육부에서 인정해 주는 학위인 Diplôme National d'œnologue 과정의 졸업자에게만 '에놀로그'라는 명칭을 부여하고 있습니다. 이 과정은 보르도 2대학교, 몽쁠리에 1대학교, 부르고뉴 대학교, 렝스 대학교와 뚤루즈 대학교의 5개 대학에서만 개설되어 있고 입학하기 위해서는 이학/농학(화학, 생물학, 식품공학)의 학부 졸업자로서 관련 교과목을 180학점 이상 이수하여야 응시 자격이 주어집니다. 2년의 과정 기간 동안 단 한 번만의 유급이 허용되며 졸업자는 즉시 프랑스 와인 양조 기술사 협회(Union des oenologues de France)의 정회원으로 가입됩니다.

(좌부터) 에밀 뻬노 교수, 미셸 롤랑, 드니 드부르듀 교수

한국인으로서는 현재까지 6명이 이 학위(자격)를 받은 것으로 협회 명부에 기록되어 있고, 2명은 미국, 1명은 프랑스에서 양조 기술자로 활동하고 있는 것으로 파악되고 있습니다.

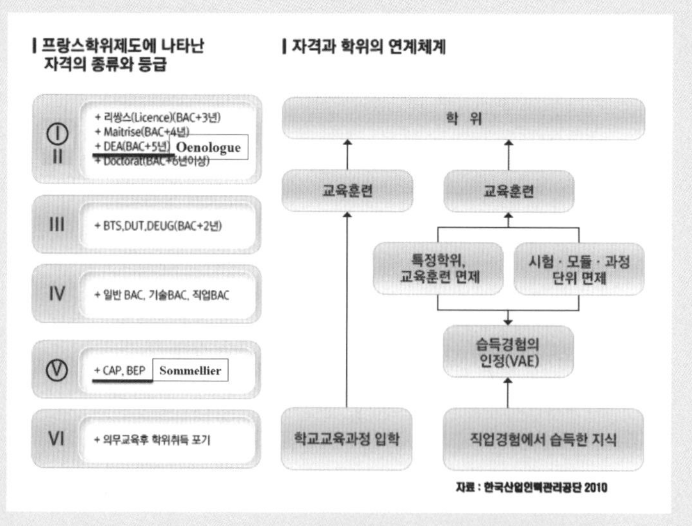

프랑스 교육 과정에 따른 자격의 등급 : 와인 관련 자격 중
에놀로그는 1등급의 기술사급, 소믈리에는 5등급의 기능사급에 위치함

소믈리에가 주로 시음 요령이나 와인의 종류 및 특징을 숙지하여 주문한 음식에 적합한 와인을 선택하도록 도와주는 서비스 분야에서 활동하는 반면 에놀로그는 포도 경작과 와인의 생산을 담당하는 전 분야에서 종사하는 만큼 더 깊고 다양한 분야의 학습과 경험이 요구됩니다.

입학과 자격 취득이 까다로운 만큼 학위 취득자는 양조 기술자의 수요가 부족한 신대륙(남미, 오스트레일리아 및 최근 중국에서의 수요도 폭등함)에서는 즉시 취업이 가능하고 프랑스 본토에서 활약하기 위해서는 신대륙에서 몇 년간의 기술자로서 활동 경력이 필요하지만, 와인에 뜻이 있고 국외 취업에 관심이 있는 이공계 전공자라면 한번 도전해 볼 가치가 충분히 있습니다.

한국인 에놀로그 과정 학생, 프랑스 현지 보도(LADAPECHE, 2014년 11월 13일)
6번째 한국인 에놀로그로서 현재 미국 Oregon에서 활동 중

5. 기타 와인의 결점(Defaut)

이외에도 와인의 결점을 나타내는 냄새는 달걀 썩은 내, 썩은 양배추, 마늘 냄새 등 비정상적으로 강한 환원취이며 이는 와인의 숙성 기간 동안 미숙한 공정처리로 인한 변질된 황화물(Mercaptan, 황화수소)이 주원인으로 보고되고 있습니다.

특히 와인이 공기 중의 산소에 의해서 산화되면 앞서 설명드린 대로 폴리페놀의 침전으로 인한 색상의 갈변화[19]와 더불어 알코올이 아세트알데히드(Acetaldehyde)나 아세톤(Acetone)으로 변하며 썩은 사과, 매니큐어 제거제의 냄새를 나타내게 되는데 비전문가를 대상으로 한 시음에서도 이러한 와인에 나타나는 산도의 감소와 밸런스의 파괴로 인하여 산화된 와인에 대한 선호도가 현저하게 떨어지는 것을 볼 수 있습니다. 종류에 따라서는 이런 산화 효과를 얻어야만 특성이 나타나는 와인들(포트 와인, 세리 와인 등)도 있지만 일반적인 드라이 와인을 평가할 때는 품질을 저해하는 요소로 분류됩니다.

마지막으로 또 다른 주요 와인의 결점을 설명드린다면 강한 환기에 의해서 순간적으로 산화된 와인(Mâché)의 알데히드는 와인에 쓴 아몬드 냄새를 나타내며 소토론(Sotolon), 아세토 페논(Acétophénone) 등은 와인에 꿀이나 말린 무화과 냄새를 내며 조기 산화(생산시기에 비해 과성숙)된 와인의 특성을 보여줍니다. 와인 성분에서 말씀드렸던 TCA(트리클로로 아니솔)과 제오스민(Géosmine)은 각각 부쇼네와 이끼(Moisi), 흙냄새(Terreux)의 주성분입니다.

---

19) 산화에 의하여 갈색으로 변함

종류	방향 성분	냄새
환원취	메르캅탄(Mercaptan), 황화수소(H_2S)	썩은 달걀/양배추, 마늘 냄새
산화	아세트 알데히드(Acetaldehyde), 아세톤(Acetone)	썩은 사과, 매니큐어 제거제, 쓴 아몬드
조기 산화	소토론(Sotolon), 아세토페논(Acétophénone)	꿀이나 말린 무화과 냄새
부쇼네	트리클로로 아니솔(TCA)	부쇼네 (자극적)
오염	제오스민(Géosmine)	이끼, 흙냄새

[표4-6] 기타 와인의 결점(Défauts)

심/화/학/습 4 아황산

와인에 사용되는 첨가물 중 지금까지 가장 오랜 역사를 가지고 있는 것이 아황산입니다. 고대부터 와인 양조에 사용되어온 아황산은 와인의 산화를 방지하는 역할과 더불어 와인 내 산화 효소의 작용을 억제하고 잡균의 생육을 방지하여 와인의 보존성을 높이고 또 폴리페놀 성분과 방향 성분을 보존하여 숙성 기간 중 와인의 미감을 개선하는 작용을 합니다. 아황산이 첨가된 와인은 순간적으로 안토시아닌이 $AHSO_3$의 형태로 존재하며 붉은색이 옅어지는데 이는 알코올이 산화되어 아세트알데히드의 농도가 높아지며 다시 원상태로 돌아오게 됩니다.

와인 속의 아황산은 자유 형태로 약 1/3, 결합 형태로 약 2/3가량이 존재하며 자유 형태의 약 10%가량이 작용기 형태로 와인 내의 잡균을 살균하는 역할을 합니다. 유럽연합에서의 아황산 잔여 한계량은 레드 와인 160mg/L, 화이트/로제 와인 210mg/L, 스위트 와인 300mg/L, 귀부 와인이 400mg/L로 각기 다르게 정해져 있으나 우리나라에서는 350mg/L으로 일률적으로 정해져 있습니다.

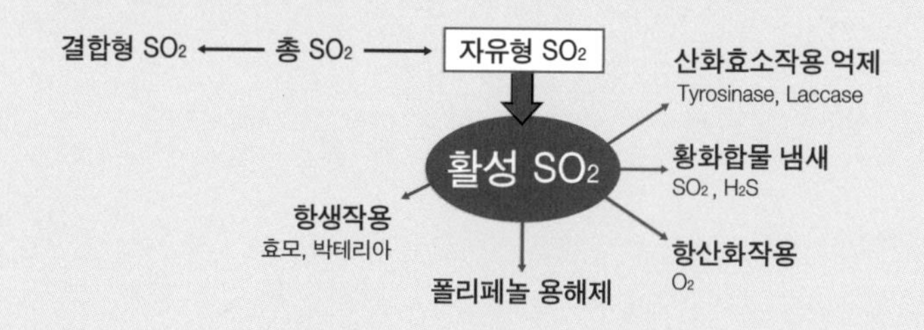

와인 내에서 아황산의 다양한 작용

아황산의 첨가 시기는 초기 수확 시 첨가를 제외하고는 활성작용기 형태의 아황산량을 측정하여 결정하며 정상적인 와인의 살균 효과 및 보존을 위해서는 최소 2mg/L가 필요합니다. 최근 들어 아황산의 인체에 대한 유해성 때문에 많은 의견들이 나오면서 아황산 무첨가 와인이 이슈화되고 있지만 무아황산 와인은 아황산이 첨가되지 않아서 좋은 평가를 받는 것보다는 산화 방지제가 필요 없는 좋은 상태의 포도, 잡균이 없고 신선하여 변질된 산이 없으며 산화효소가 억제된 최상급의 원재료를 사용해서 그만큼 공들여 만들었기 때문에 좋은 와인으로서 인정을 받는 것입니다.

아황산의 함량을 줄이기 위해 사용되는 대표적인 보조제인 비타민 C(아스코르빈산)는 산화 방지제로 아황산의 보조제로 사용되며 최대 허용 최대치는 250mg/L입니다. 또 다른 보조제인 소르빈산은 식품첨가물(보존료)로, 치즈나 육류에도 사용되고 안전성이 높으며 효모균은 억제하여 병입 후 재발효를 억제하는 역할을 하지만 산화 방지 효과는 없습니다. 아황산 함량이 충분하지 못한 와인에서 소르빈산은 젖산균에 의해 분해되어서 악취(제라늄)를 생성하므로 반드시 첨가 전에 아황산 함량(활성 아황산 2mg/L)을 점검해 줘야 합니다.

최근 들어 자연 와인과 비오디나미 와인의 붐을 타고 국내에도 많은 무아황산, 아황산 저 첨가 와인들이 수입되었는데 적절한 와인 양조 기술과 품질관리 시스템이 적용되지 않은 생산자의 와인이라면 잡균들이 득실한 변질된 와인을 마실 수도 있다는 것을 염두에 두셔야 할 것입니다.

PART

미각적인 요소

The Secret of Good Wine

CHAPTER 5
미각적인 요소
The Secret of Good Wine

입안에 들어온 와인은 구성하고 있는 다양한 성분으로 인하여 구강 속의 각기 다른 곳에서 감지됩니다. 우리가 맛을 감지하는 원리는 80%의 후각적인 요소와 20% 정도의 미각적인 요소가 각 감각기관을 통하여 뇌에 인지되는 것으로 알려져 있습니다. 후각적인 부분은 2장에서 앞서 살펴본 바와 마찬가지로 방향 성분들이 비강 내에 들어와서 후각 수용기를 거쳐 뇌에 인지되는 메커니즘을 구성하고 있었습니다. 그럼 이제 와인의 맛을 감지하는 원리를 살펴보도록 하겠습니다.

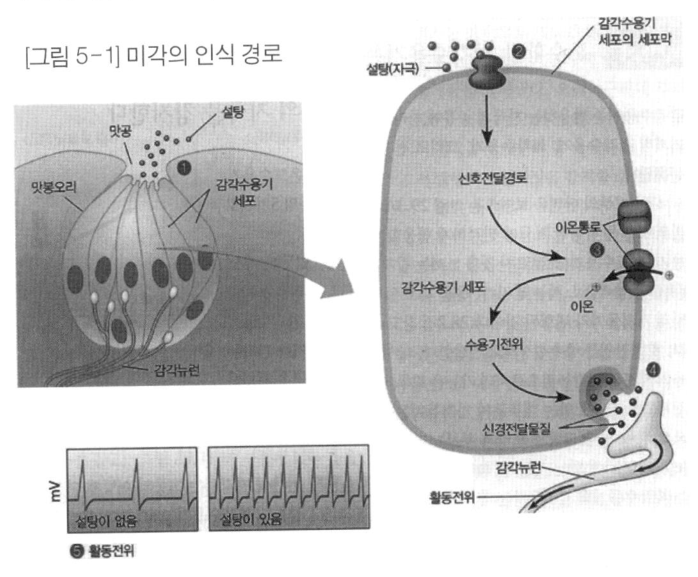

[그림 5-1] 미각의 인식 경로

혀에 분포된 미각세포는 와인에 포함된 각각의 맛을 나타내는 분자들을 맛봉오리에서 감지한 후 감각 수용기를 통하여 발생되는 신경전달물질을 통하여 뇌에 전달되는 메커니즘으로 구성되어 있습니다. 이때 맛봉오리(미뢰)의 특수화된 수용기 덕분에 맛은 구분됩니다. 맛봉오리의 특수화된 수용기는 아래의 그림과 같이 혀의 부분에 따라 조금씩 다르게 분포되어 있고 이에 따라 각각의 맛을 느낄 수 있는 주요 부분은 다릅니다. 단맛이 표시된 부분에서는 단맛 이외에 모든 맛을 감지할 수 있지만 특히 단맛을 감지하는 능력이 높다는 것으로 이해하시기 바랍니다.

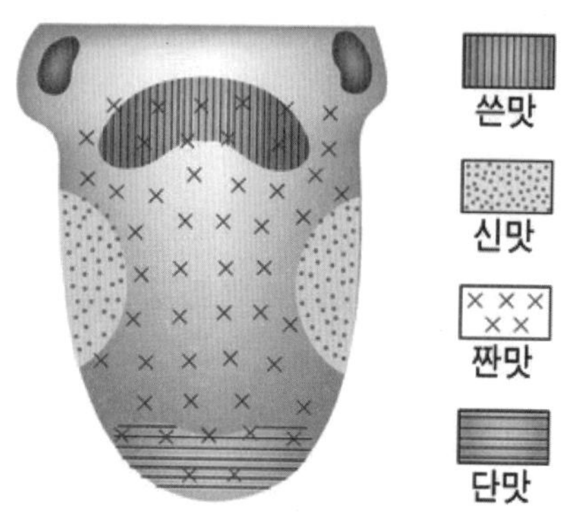

[그림 5-2] 혀에 나타난 미각의 분포도

1. 주요 맛

4대 주요 맛은 단맛, 짠맛, 신맛, 쓴맛이 있습니다. 단맛에 영향을 주는 요소는 당 이외에도 알코올, 글리세롤 등이 있으며 특히 와인에 포함된 알코올은 잔당이 거의 없는 와인에 단맛을 더해 주는 주된 역할을 합니다. 이외에도 단맛을 주는 여러 가지 성분들이 있는데, 특히 고대에 음료에 달콤함을 더해 주려 많이 첨가되었던 일산화연(Litharge)이나 납 결정(Sel de plombe) 때문에 로마제국이 붕괴되었다는 학설도 있습니다.

• 단맛

포도즙에 포함된 당은 대부분 단당류이자 육탄당인 포도당과 과당으로 구성되지만 포도당은 발효 공정 중에 효모에 의해서 대부분 소진되므로 와인에 남아 있는 잔당의 대부분은 과당입니다.

알코올은 잔당이 없는 와인(Vin sec)에서 부드러운 느낌을 주는 대표적인 성분으로 4%vol.(32g/L)의 알코올을 함유한 수용액부터 용액에 부드럽고 달콤한(Douceatre, Sucree) 느낌을 주게 됩니다. 이 부드럽고 달콤한 느낌은 알코올 농도가 약 10~12%vol.(80~96g/L)로 상승하게 되면서 따뜻한(Chaleur) 느낌으로 변하게 되고 주정 강화 와인의 수치인 15~18vol.(120~174g/L)에 도달하게 되면 타는 듯(Brulante)한 느낌을 주게 됩니다. 이 현상은 와인에서 맛의 균형을 이루는 요소들과 따라서 무알코올 와인에서 신맛과 쓴맛이 강하게 나타나는 현상을 설명해 주는 것입니다.

글리세롤은 주로 와인의 알코올 발효 시에 생성되는 OH기가 3개 달린 다가 알코올이며, 알코올과 마찬가지로 달콤한 느낌을 주는 액체입니다. 와인에 보통 5~8g/L가량 포함되어 있고 많은 경우 15~20g/L까지 축적되며 특히 귀부 현상(Pourriture Noble)에 의해서 생성됩니다.

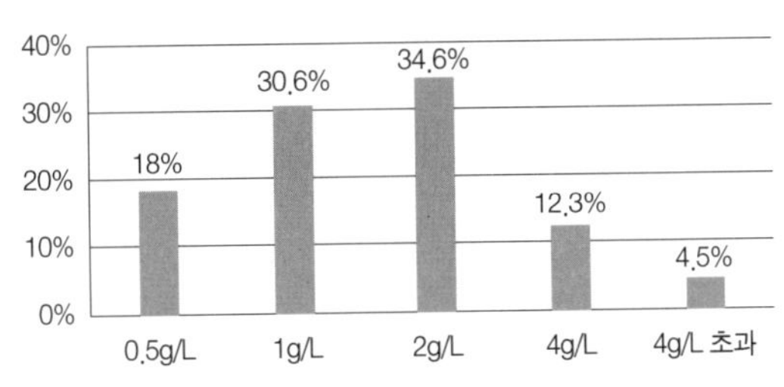

[표 5-1] 일반인들을 대상으로 한 단맛의 민감도(P. Casamayor)

[표 5-1]의 그림은 일반인들 대상으로 한 단맛의 민감도 조사 결과입니다. 단맛을 나타내는 물질로 설탕을 사용했으며, 0.5g/L 농도의 설탕물을 맛보고 단맛을 인지한 사람은 전체의 18%가량, 1/5 정도이며, 1g/L 의 농도에서는 단맛을 알아낸 30.6%의 사람들을 추가한다면, 약 1g/L 농도의 설탕물에서 약 절반가량의 사람들이 단맛을 느낄 수 있는 것으로 나타납니다.

• 짠맛

와인에 짠맛을 나타내는 대표적인 요소로는 소금을 들 수 있는데 이는 대표적인 산-염기 화학 반응에 의한 결과물이며 신맛이 아주 적은 경우를 제외하고는 와인에서 감지되기 어려운 요소입니다. 그러나 짠맛은 요리에서와 마찬가지로 단맛과 어우러져 와인의 쓴맛과 수렴성(Astringence)[1]을 감소시키는 역할을 합니다. 와인에는 약 두 가지에서 네 가지가량의 짠맛을 나타내는 미량원소(나트륨, 칼륨, 칼슘, 염소, 인산기 등)가 존재하며 이는 대부분 이온의 형태를 가지고 있습니다.

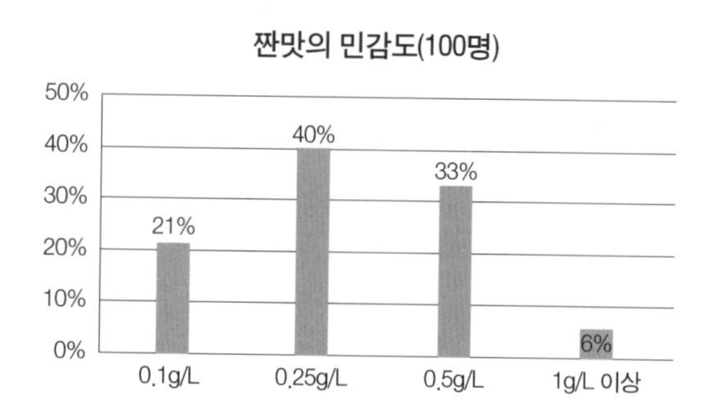

[표 5-2] 일반인들을 대상으로 한 짠맛의 민감도(P. Casamayor)

1) 테르펜계 알코올, 장미, 바이올렛 향을 나타낸다

[표 5-2]의 그림은 일반인들 대상으로 한 짠맛의 민감도 조사 결과입니다. 짠맛을 주기 위하여 소금을 사용했고 0.1g/L 농도의 소금물을 맛보고 짠맛을 인지한 사람이 전체의 21%가량, 단맛과 마찬가지로 1/5 정도이며, 0.25g/L의 농도에서는 짠맛을 알아낸 40%의 사람들을 추가한다면, 약 0.25g/L 농도의 소금물에서 5명 중 3명이 짠맛을 인지한 것으로 나타납니다.

• 신맛

와인의 신맛을 나타내는 성분은 포도의 결실 과정 중 생성된 산(사과산, 주석산, 구연산, 글루콘산)과 와인 양조 과정 중에 생성된 산(초산, 젖산, 숙신산)들로 이루어져 있습니다. 산들은 와인의 내부에서 H^+이온의 형태로 적정 pH를 유지하여 레드 와인에서 안토시아닌이 붉은색을 유지할 수 있도록 해주며 잡균으로부터의 오염을 막아서 와인의 보존성을 높이는 역할을 합니다.

와인 시음자는 와인의 직접적인 산을 맛보지 못하고 자신의 침과 섞인 복합적인 체액을 맛보게 됩니다. 침의 양과 질(단백질 함량 등)은 개인마다 많은 차이가 있으며, 섭취되는 와인과 음식으로 인해 많은 편차를 보이게 됩니다. 아울러 와인을 구성하는 산들은 종류에 따라 미각적인 특성이 다릅니다. 이는 포도의 3대 산인 주석산, 사과산, 구연산을 주축으로 이루어져 있습니다.

주석산(3~7g/L : 포도즙, 2~5g/L : 와인)은 금속성의 공격적인 맛을 지니고 있으며 파스퇴르가 이를 계기로 입체 이성질체를 발견해 낸 것으로 유명합니다. 박테리아에 대한 저항성이 강하여 보산(Acidification)[2] 시에 공식적으

2) 산도가 부족한 와인에 산을 첨가하여 산도를 높임

로 사용되는 산이지만 몇몇 젖산균들은 주석산을 분해하여(말라디 라 투르네) 초산과 젖산, 혹은 초산과 호박산을 생성합니다.

사과산(3~12g/L : 포도즙, 0~5g/L : 와인)은 과실의 초기 생성기에 합성되는 산이므로 주로 설익은 과일에 많이 포함되어 있으며 자극적인 풋과일의 뉘앙스를 가진 신맛을 나타냅니다.

청량감을 주며 자극적인 신맛을 내는 구연산(레몬산, 0.2~0.5g/L : 포도즙, 0~0.5g/L : 와인)은 와인에 아황산 함량이 부족할 시 젖산균에 의해 부탄에디올(Butanediol)과 아세토인(Acetoin), 디아세틸(Diacetyl) 혹은 초산으로 분해되어 휘발산 함량을 높이고 불쾌한 냄새를 가져오므로 보산(Acidification)[3] 시에 사용하지 않습니다.

젖산 발효에 의해서 사과산은 한 분자의 젖산과 한 분자의 이산화탄소로 분해되며 이 현상으로 인해 와인의 총산도는 감소하게 되어 신맛이 줄어듭니다. 아울러 젖산은 초산보다 더욱 부드러운 신맛(요구르트)을 띠므로 와인이 전체적으로 온화한 느낌을 가지도록 해줍니다.

$$CH_2\text{-}CHOH\text{-}_2(COOH) \longrightarrow CH_3\text{-}CHOH\text{-}COOH + CO_2$$

박테리아에 의한 발효 현상은 파스퇴르가 "와인을 만드는 것은 효모이고 파괴하는 것은 박테리아다(Les levures font le vin et les bactéries le détruisent)."라고 언급한 이래 와인에 부정적인 영향을 끼치는 것으로 인식되어 왔습니다. 그러나 이는 현대 양조학의 아버지인 에밀 뻬노가 1946년 발표한 논문[4]을 통하여 와인의 품질을 개선하는 작용이 보고된 후 유일하게 박테리아에 의한 발효로서는 와인에 긍정적인 것으로 평가받고 있으며 현대

3) 산도가 낮은 와인에 산을 첨가하여 균형을 맞춤
4) Contribution à l'étude biochimique de la maturation du raisin et de la composition des vins

에는 와인 양조의 필수적인 공정으로 자리 잡았습니다.

역시 발효 과정 중에 생성되는 숙신산은 와인에 짠맛과 쓴맛의 복합적인 뉘앙스를 지니며 초산은 강하고 자극적인 식초맛을 나타냅니다. 앞서 언급한 바와 같이 휘발산의 약 95%를 차지하는 초산은 와인의 음용 적합성을 나타내는 중요한 척도이며 유럽연합에서 한계 허용치(화이트 0.88mg/L, 레드 0.98mg/L)가 정해져 있고 이를 초과할 경우 등급에 관계없이 와인의 유통이 금지되어 있습니다.

이외에 귀부 포도로부터 생성되는 산인 글루코닉산이나 갈락튜로닉산은 소테른의 귀부 와인에 2~5g/L 함유되어 풍만감과 복합적인 미감을 나타내는데 영향을 주며 글리큐로닉산이나 뮤식산은 변질된 포도에 많이 함유되어 있어 포도의 청결도(Sanitaire)를 확인하는 지표로 사용됩니다.

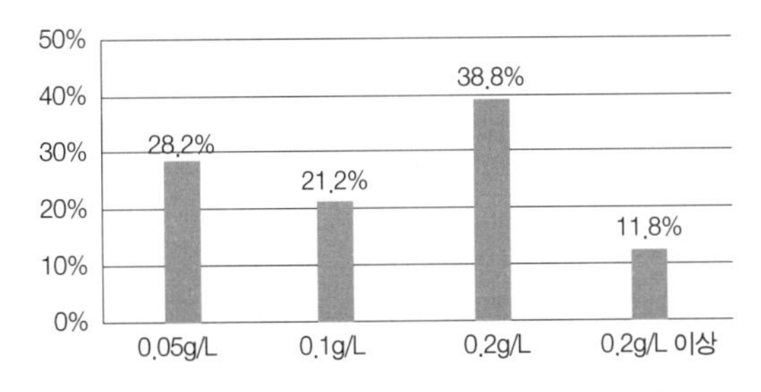

[표 5-3] 일반인들을 대상으로 한 신맛의 민감도(P. Casamayor)

위의 조사에서는 신맛을 나타내는 물질로 식용이 가능한 주석산을 사용했습니다. 신맛의 민감도 조사 결과 0.05g/L 농도의 주석산 수용액을 마시고 신맛을 인지한 사람은 전체의 28.2%가량이며, 0.1g/L 의 농도에서는 신맛을 알아낸 21.2%의 사람들을 추가한다면, 약 0.1g/L 농도에서 약 절반가량의 사람들이 신맛을 느낄 수 있는 것으로 나타납니다.

• 쓴맛

와인의 쓴맛은 개인마다 불쾌감을 느끼는 정도에 따라 편차가 매우 크며 단맛과의 호환성이 매우 큽니다. 쓴맛은 단맛에 의해 가리어지며(Masque), 짠맛에 의해서 감소되며 알코올에 의해서 증가되는 상보적인 특성을 가지고 있습니다. 특히 와인에 있어서 쓴맛은 폴리페놀 성분, 특히 타닌에 의해서 느껴지게 되는 수렴성(Astringence)과 밀접한 연관 관계를 지니고 있습니다.

이외에도 양조 과정 중 사고에 의한 쓴맛의 증가로서 앞에서 언급한 쓴맛 병(Maladie de l'amer)이 있는데 이는 와인의 글리세롤이 젖산 박테리아에 의해 분해되면서 쓴맛이 강해지는 병으로 양조 기술이 발달된 최근에 들어서 매우 희귀하게 보고되고 있습니다.

이론적으로는 쓴맛은 구강 내부의 깊숙한 혀 안쪽에서 주로 느껴지고 타닌감은 혀 전체에서 침의 단백질[5]이 응고되어 생기는 느낌으로 판단하지만 실제로 매우 까다롭습니다. 그러나 이것을 구분할 수 있는 능력은 지속적인 시음으로 완성되는 것이며, 와인 시음에 있어서 훌륭한 시음가는 쓴맛과 수렴성의 차이를 구별할 수 있어야 합니다. 쓴맛에 관한 더 자세한 사항은 수렴성과 연관 지어 심화학습란에서 설명하겠습니다.

---

5) 주로 소화 효소인 아밀라아제

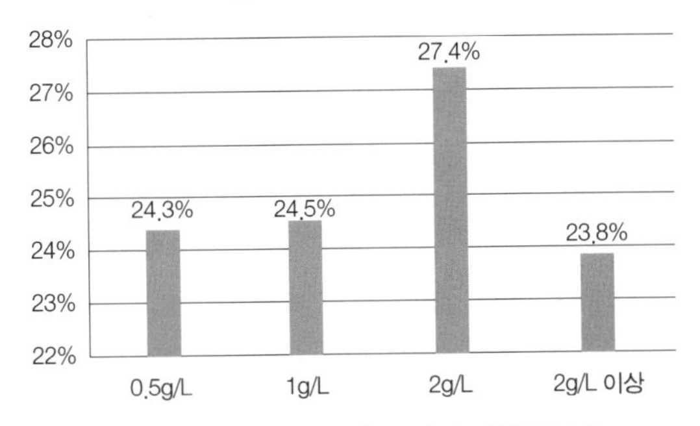

[표 5-4] 일반인들을 대상으로 한 쓴맛의 민감도(P. Casamayor)

쓴맛을 나타내기 위해서 사용한 물질은 일반 약국에서 구입한 키니네(Quinine)[6]이며 0.5g/L 농도의 수용액을 마시고 쓴맛을 인지한 사람은 전체의 24.3%가량이며, 1g/L 의 농도에서는 쓴맛을 알아낸 24.5%의 사람들을 추가한다면, 약 1g/L 농도의 키니네 용액에서 약 절반가량의 사람들이 쓴맛을 감시할 수 있는 것으로 나타납니다.

---

6) 말라리아 치료에 쓰이는 알카로이드 성분

심/화/학/습 1 저온살균법(Pasteurization)

우리에게 살균 방식의 하나인 저온살균법(Pasteurization)으로 잘 알려진 파스퇴르가 Oenologie에 끼친 업적은 상상을 초월합니다. 인류사에 있어 첫 번째 와인 양조 기술의 출현은 기원전 약 2,000년 전이었으나 19세기 루이 파스퇴르가 행했던 연구를 통하여 우리는 알코올 발효 메커니즘의 과학적인 이해와 더불어 근대 Oenologie의 발전을 가져왔고, 보다 체계적인 방식으로 와인의 생산이 가능하게 되었습니다.

그는 효모에 의한 알코올 발효의 과학적인 메커니즘을 규명한 것 이외에도 산소에 의한 산화작용이 와인의 숙성에 영향을 끼친다는 것도 처음으로 발견했으며, 당시에 보고되던 대부분의 변질된 와인이 박테리아에 의한 것도 발견해 냈습니다.

그는 박테리아로 인한 와인의 병을 예방하기 위해서 박테리아가 내열성이 부족함에 착안하여 와인을 약 70도에서 30분간 처리함으로써 와인의 유기물을 파괴하지 않고 박테리아를 억제하는 살균 방식을 고안해 냈는데 이것이 바로 그의 이름을 딴 Pasteurization입니다. 이는 차후에 우유를 살균하는 방법으로 응용되었으며 우리에게는 그의 이름을 딴 우유로 잘 알려져 있습니다.

Louis Pasteur가 최초로 고안한 저온 와인 살균기

2. 부가적인 맛

와인 시음 시 입안에서 느껴지는 맛은 4가지의 주된 맛 이외에 3가지의 부가적인 맛으로 보충할 수 있습니다.

• 감칠맛(Umami)

첫 번째로 말씀드릴 감칠맛은 일본의 화학자인 이케다 키쿠다에 의해서 주로 다시마에서 추출한 성분을 분석한 결과 그 맛의 근원은 글루탐산(Acide glutamique)이라는 것을 밝혀냈습니다. 글루탐산은 와인 시음에 있어서는 거의 알려지지 않았지만, 질소 구성물로 이루어진 이 약간은 이질인 성분은 와인의 맛을 구성하고 있는 한 부분인 것만은 확실합니다.

• 기름진 맛(Gras)

기름진 맛은 2005년 Montayeur에 의해서 혀에 있는 맛봉오리에 지방산을 감지하는 수용체(Fatty Acid Receptor)가 있다는 것이 처음 보고되었습니다. 이는 포도 껍질이나 양조용 효모에 약 몇 mg/L 정도로 존재하며 시음학에서 언급하는 구강에서 풍만감을 나타내는 기름진(Gras)이라는 표현과는 관계가 없습니다.

• 감초 맛(Réglisse)

감초 맛은 A. Faurion에 의해서 처음으로 제시되었으며 글리시리직산(Acide glycyrrhizique)이 주된 성분이며 와인에서 감초 향과 연관이 있다고 여겨지나 명확한 연구 결과는 아직까지 없는 실정입니다.

3. 감각(Sensation)

4가지 주된 맛과 3가지 부차적인 맛 이외에 와인 시음에 영향을 주는 요소로서는 우리의 구강에서 느껴지는 감각이 있습니다. 이는 혀와 구강 내부의 피부조직에서 느끼는 감각으로서 수렴성, 농도·점도, 자극성, 온도와 개인적인 기호성이 있습니다.

• 수렴성(Astringence)

수렴성은 과경과 씨앗에 포함된 페놀산(단·이량체)은 시음 시에 수렴성을 나타내고 당, 낮은 산도, 단백질 함량 등으로 인해 감소합니다.

• 농도/점도(consistance)

와인에 포함된 유기 물질의 농도에 따라서 표현되는데 흔히 우리에게 Full/Medium/Light Body로 잘 알려져 있습니다. 이의 차이는 일반 우유와 무지방 우유를 맛보실 때 입에서 느낄 수 있는 농축감과 점도의 차이로 이해하시면 됩니다.

• 자극성(agressivité)

매운맛의 대표적인 성분으로 알려진 고추의 캡사이신(Capsaicin)은 혀의 맛봉오리를 자극하여 매운맛을 뇌에 인지시킵니다. 따라서 자극으로 분류됩니다.

• 기호성(Preference)

와인 시음 시에 개인적으로 받을 수 있는 느낌(Hédonique)은 개인마다 천차만별인 기호성에 기반을 두는데 이는 개인의 성격, 교육 정도, 경험 등에 기반을 둡니다. 이는 대부분 와인의 객관적인 품질평가와는 거리가 있으며 시나 문학적인 표현에 잘 나타납니다.

• 온도

시음 시의 멘솔(Menthol) 성분은 와인에 차가운 느낌과 청량감을 주고 알코올은 온화한 느낌을 줍니다. 와인에 포함되어 있지는 않지만 캡사이신은 구강 내부를 자극하여 따뜻한 느낌을 줍니다. 서양인들이 매운 것을 HOT하다고 표현하는 것이 이 이유 때문입니다.

온도 범위	와인의 종류	예시
16~18℃	장기 숙성형 레드 와인	고급 부르고뉴/보르도/ 프랑스 남부 지역의 레드 와인
14~16℃	가벼운 레드 와인	부르고뉴/보졸레/ 루아르의 레드 와인
10~12℃	장기 숙성형 화이트 와인 풍만한 로제 와인 고급 발포성 와인 산화 와인 VDN 레드	부르고뉴/론의 화이트 와인, 밀레짐 샴페인, 방존, 바니율스
8~10℃	가벼운 화이트/로제 와인 VDN 화이트 주정 강화 와인 스위트 와인 일반 발포성 와인	알자스 와인, 루아르/보르도/프랑스 남부 지역의 드라이/ 스위트 화이트 와인, 일반 샴페인

[표 5-5] 온도에 따른 적정 와인의 음용 온도(P. Casamayor)

특히 높은 온도에서는 와인 시음 시에 당도가 더 두드러지게 나타나고 낮은 온도에서는 짠맛, 쓴맛, 타닌감이 증가합니다. 이런 이유로 인하여 레드 와인과 화이트 와인의 적정 시음 온도는 다른 것입니다. 일반적으로 화이트 와인은 산도를 이용한 청량감과 방향 성분의 보존을 용이하기 위해서 낮은 온도에서, 레드 와인은 복합적인 향취의 발산과 타닌의 부드러움을 위해서 상대적으로 높은 온도에서 음용하게 되는 것입니다.

아울러 와인의 온도에 따라서 기화되는 방향 성분의 양이 변화함에 따라 향기 성분과 부케의 발산 정도가 달라집니다. 아래의 표는 온도에 따른 휘발 성분과 부케의 발산을 보여줍니다.

온도(℃)	휘발 성분(%)	부케
5~8	36~60	중성(발산 없음)
10~12	52~72	수축됨
18~20	100	발산

[표 5-6] 휘발 성분의 증발과 부케의 발산(E. Peynaud)

[표 5-7] 미각과 구성 요소

구 분	종 류	물 질	느낌 및 성질
주요 맛	단맛	당, 알코올, 글리세롤	달콤함, 부드러움
	짠맛	염	쓴맛, 수렴성 감소, 단맛 증대
	신맛	주석산, 사과산 구연산, 젖산 초산 등	공격성. 개인차가 큼
	쓴맛	타닌	당에 의해 가리워짐, 짠맛에 의해 감소, 알코올에 의해 증가
부가적 맛	감칠맛 (Umami)	글루탐산	-
	기름진 맛 (Gras)	지방산	-
	감초 맛 (Reglisse)	글리시리직산	-
감 각	수렴성 (Astringent)	타닌	수렴성
	농도/점도 (Consistance)	유기 물질의 농축도	점도, 풍만감
	자극성 (Agressivité)	캡사이신	뜨거운 느낌, 산, 이산화탄소, 알코올에 의해 증폭
	기호성 (Préférence)	개인차	-
	온도	알코올/캡사이신 멘솔	따뜻함/뜨거움, 청량감

4. 와인의 균형감(Equlibre)

이제는 앞서 살펴본 모든 감각을 이용해서 와인의 균형감을 판단할 차례입니다. 와인의 균형감을 이루는 요소들을 알아보고 그것들이 이루는 효과에 대해서 설명하도록 하겠습니다.

• 화이트 와인

화이트 와인의 맛을 구성하는 요소는 크게 산(Acidite)과 풍만감(Moelleux) 두 가지로 나누어져 있습니다. 와인 속에 존재하는 산은 종류에 따라서 각기 다른 맛으로 표현되는 것을 앞서 '산'과 '신맛' 부분에서 자세히 설명드렸습니다. 풍만감은 산도(Acidite Total)처럼 산으로만 이루어지는 단일 구성 요소가 아닌 복합적인 개념이므로 조금 자세한 설명이 필요합니다.

풍만감은 앞서 와인의 맛 부분에서 설명해 드린 단맛을 구성하는 요소들(당, 알코올, 글리세롤)과 와인의 농도와 점도를 높여주는 와인 내부의 유기물질(주로 단백질, 인지질) 등으로 구성되어 있습니다. 와인 내에서 이들의 단위 부피당 함량(농도)이 높아질수록 구강에서 느끼는 풍만감(농밀감)이 증가하게 되고 와인은 대체적으로 부드러운(Rond) 느낌을 지니게 되는 것입니다.

실제로는 위에서 언급한 각 요소들의 정량적인 표현이 쉽지는 않지만 이해를 돕기 위해서 [그림 5-3]에 다각형 그래프로 정리하여 나타냈습니다. A는 산도와 풍만감의 각 요소(당, 알코올, 글리세롤, 점/농도 등)들의 균형이 잘 잡혀 있는 화이트 와인, B는 풍만감의 요소가 부족하면서 산도가 높은 화이트 와인을 각각 묘사하고 있습니다. 일반적으로는 각 요소들의 상보적인 균형이 잘 잡혀 결과가 원형 모양을 이루고 있는 와인인 A가 그렇지 않은 B보다 좋은 품질을 지닌 것으로 평가됩니다.

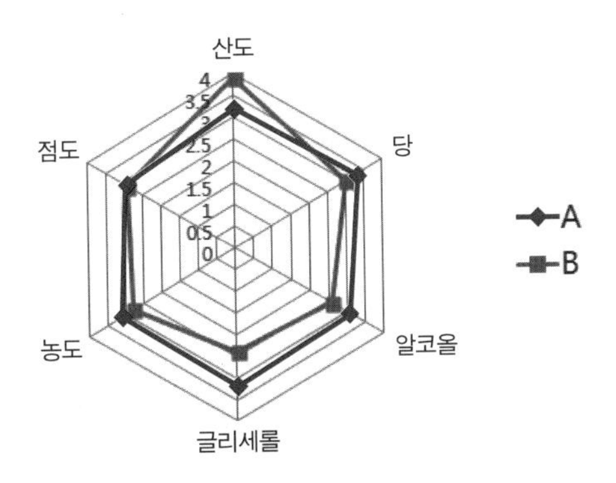

[그림 5-3] 화이트 와인의 균형감

만일 비교하려는 두 와인이 산도와 풍만감의 조화도가 비슷하게 좋다면 그다음에 고려해야 할 점은 두 가지 요소가 입안에서 주는 느낌의 강도입니다. 일반적으로는 입안에서 느낄 수 있는 강도가 큰 와인인 A가 그렇지 않은 B보다 더 좋은 품질을 지닌 것으로 평가됩니다.

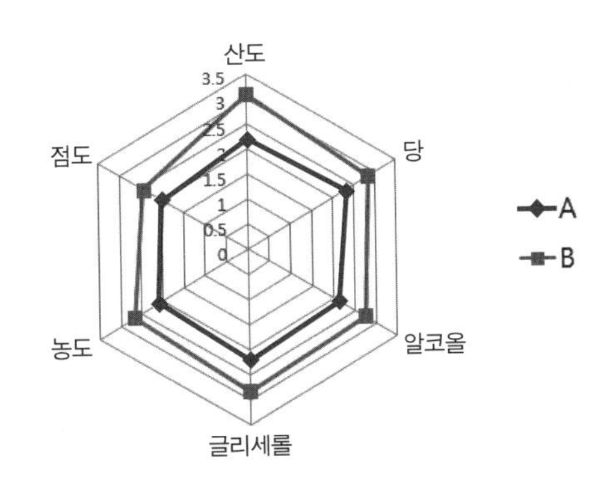

[그림 5-4] 화이트 와인의 감도(농축 정도) 차이

심/화/학/습 2 와인의 풍만감(Elevage sur lie)

화이트 와인의 양조 시 와인을 효모의 사체와 함께 숙성시키는 방식입니다. 발효 후 효모의 사체는 와인 속에서 분해되며, 이때 효모의 세포막을 이루는 단백질과 인지질 등이 와인에 녹아들어 화이트 와인의 풍만감을 높이는 역할을 합니다. 대표적인 예로는 샴페인이 있으며 일반적인 화이트 와인의 양조 시 도딘(Dodine)이라 불리는 도구로 와인을 정기적으로 저어주는데 이 작업 공정을 바또나쥬(Batonage)라고 합니다.

바또나쥬(Batonage)용 도딘(Dodine)과 Elevage sur Lie

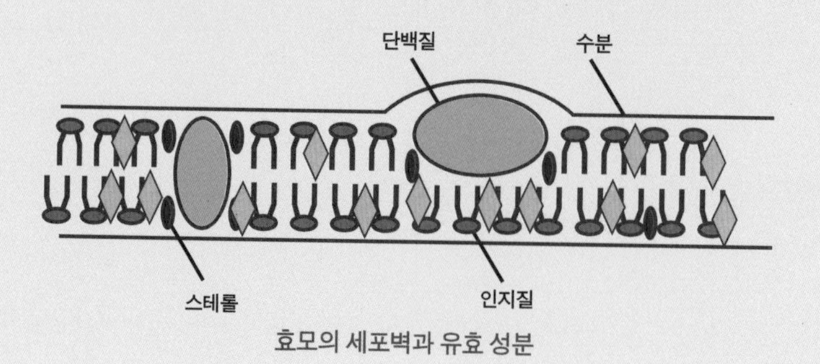

효모의 세포벽과 유효 성분

실제로 시음 시에는 우리는 앞서 언급한 바와 마찬가지로 화이트 와인을 구성하는 두 가지의 주요 개념인 산도와 풍만감만을 가지고 평가해서 다음의 그림과 같이 단순하게 표현할 수 있습니다.

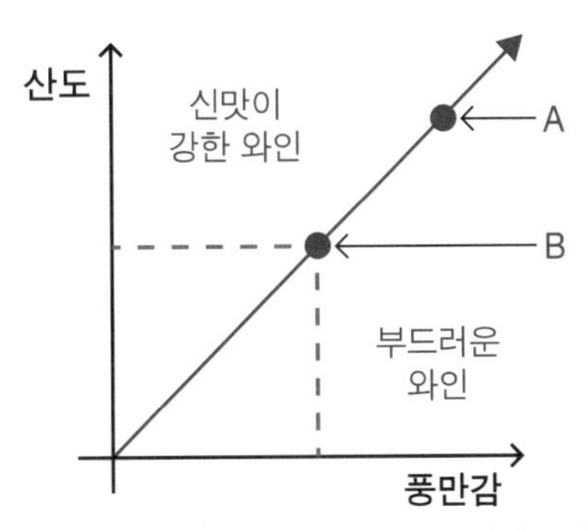

[그림 5-5] 시음 시 화이트 와인의 평가 요소

화이트 와인의 시음 시 두 가지 주요 요소인 산도와 풍만감의 균형이 좋은 와인은 적색 직선상에 위치하고 있습니다. 적색선 상에서 점 A와 B로 나타나는 각각 다른 두 와인이 입안에 주는 두 가지 요소의 강도는 원점으로부터의 거리에 비례하므로 점 B가 점 A보다 더 강한(성분이 농축된) 느낌을 줍니다. 비록 위의 그림에서 두 가지 요소로 단순하게 표현되었지만 풍만감이라는 요소는 당, 알코올, 글리세롤, 단백질 성분 등이 우리 입속에서 주는 복합적인 요소라는 것을 인지하고 시음 평가를 하셔야 합니다. 와인을 연구하는 학자들에 따라서는 화이트 와인을 드라이와 스위트로 구분하여 스위트 와인의 평가 지표를 '산도, 당도, 알코올'로 구분하는 경우도 있는데 이는 스위트 와인에서 조금 더 높은 비중을 차지하는 풍만감을 당도와 알코올로 세분해서 [그림 5-6]과 같이 평가한 것으로 앞에서 설명한 다각형 모형으로 설명이 가능합니다.

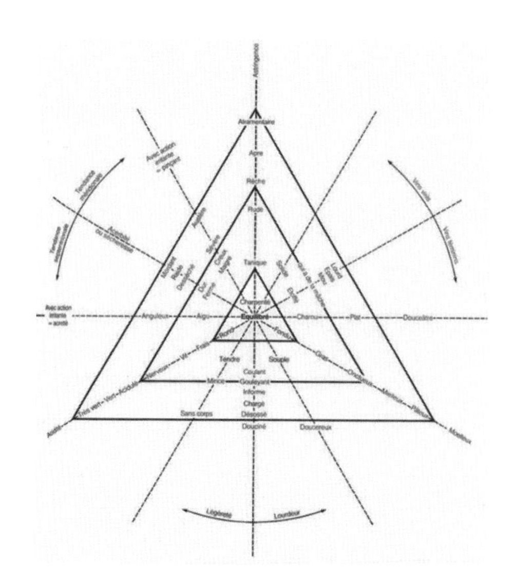

[그림 5-6] 스위트 와인의 평가 요소 모형(M. Monnier)

한 가지 주의하셔야 할 점은 알코올이 항상 와인의 풍만감을 향상시켜 주는 역할만 하지는 않는다는 것입니다. 만일 일정 농도의 유기물이 부족한 와인이 상대적으로 높은 알코올 함량을 가지고 있다면 그 와인은 입안에서 타는 듯한(Brulant) 느낌을 줍니다(중국 음식점에서 마실 수 있는 고량주를 상기하면 될 듯합니다.). 이런 이유로 인해서 유럽 지역에서는 숙성도가 떨어지는 포도에 지나치게 가당하여 와인을 생산하는 것을 규제하고 있습니다.

만일 두 화이트 와인의 산도와 풍만감이 거의 비슷한 균형도를 가지고 있다면 두 와인의 우열은 앞의 후각 부분에서 설명된 1, 2, 3차 향의 조합으로 이루어진 복합도(Complexite)와 미묘함(Delicate)의 완성도로 결정됩니다. 더욱 자세한 사항은 다음 장 와인의 평가 부분에서 설명해 드리도록 하겠습니다.

• 레드 와인

레드 와인은 앞서 설명드린 두 가지의 요소 이외에 구조감이라는 요소가 추가되는데 구조감(Structure)은 와인 내에 포함된 타닌의 종류와 구조 및 결합 상태에 따라서 결정됩니다.

와인 내부에는 존재하는 타닌은 두 가지로 나뉘는데 주로 원재료인 포도에서 추출되는 축합형(Condensed) 타닌은 플라바놀(Flavanol)[7]이라는 단일 성분으로 구성되어 있으며 숙성 과정 중 미세산화에 의해서 더 커다란 분자로 결합[8]될수록 입안에서 부드러운(Soyeux) 타닌감을 줍니다.

수용성(Hydrolysable) 타닌은 대부분 오크통에서 추출된 페놀산 계열[9]이 주를 이루는데 분자량이 작은 이 타닌들은 포도에서 추출된 타닌들보다 입안에서 더 거친 느낌을 줍니다. 이들은 대부분 오크통이 가열될 때 생기는 단당류들과 결합한 상태로 와인에 존재하여 와인의 달콤한 향미를 더해 주고 산화에 대한 저항성을 증가시켜 와인의 보관성을 높이는 역할을 합니다.

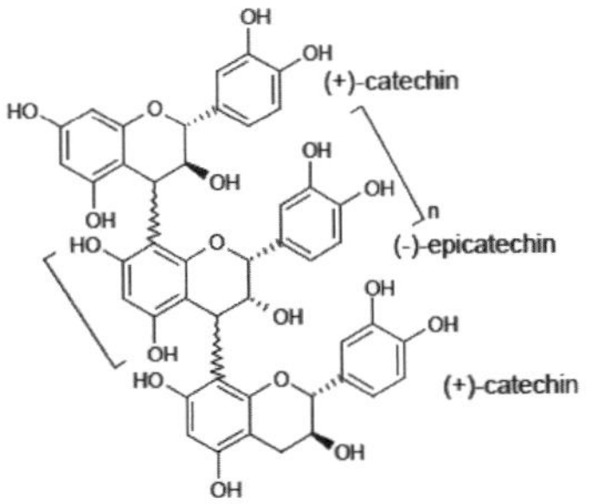

[그림 5-7] 축합형 타닌(Tanin Condense)

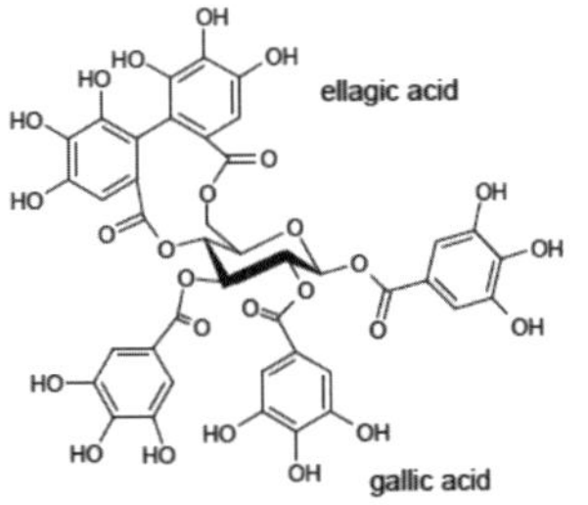

[그림 5-8] 수용성 타닌(Tanin Hydrolysable)

7) 치환기에 따라 카테신, 에피카테신, 갈로카테신, 에피갈로카테신으로 나뉜다.
8) 축합, 중합 결합
9) 벤조익산과 시나믹산 계열로 나뉨

이런 이유로 장기 숙성형 와인은 오크통 숙성을 통하여 수용성 타닌의 함량을 증가시켜 미감과 보관성을 향상시킵니다. 숙성이 부족한 장기 숙성형 와인이 떫게 느껴지는 이유도 이런 수용성 타닌 함량의 증가 때문이며 오크통 숙성을 거친 와인을 단시간(1~2년 이내)에 마시기 좋게 하기 위해서 단백질로 타닌을 응집시켜 침전시키는 청징 처리[10]를 거치기도 합니다.

와인의 구조감을 이루는 타닌의 종류와 중합도에 따른 성질은 아래 그림에 나타낸 프랑스의 저명한 에놀로지(Oenologie) 연구자인 글로리 박사의 연구 결과로 설명됩니다.

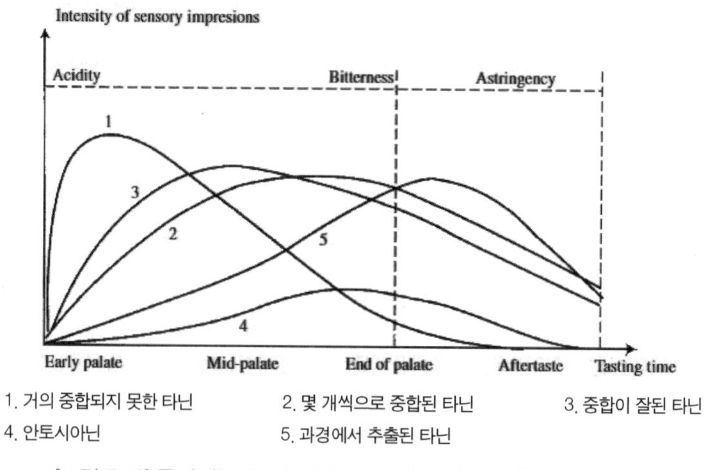

[그림 5-9] 폴리페놀의 종류와 중합도 따른 미감(Y. Glories 1994)

[11]거의 중합되지 못한 타닌(1)들은 와인 시음 시 처음 순간에 강한 자극(쓴맛, 수렴성)을 나타내며 포도의 씨앗 부분에 많이 분포합니다. 반면 일정

---

10) Collage

11) Traité d'oenologie(에밀 뻬노, 장 리베로 게이용 등이 집필한 Oenologie의 바이블)에서 발췌

수준 이상의 중합도를 이룬 타닌(2, 3)은 시음 중반부에 와인에 비단결같이 부드럽고(Soyeux) 풍만한(Souple) 타닌감을 주며 주로 포도 껍질에서 추출되고, 마지막으로 과경에서 추출된 타닌은 여타의 타닌과 비교하여 다당류나 단백질과의 결합이 부족하므로 시음 시 마지막 순간에 구강에 매우 쓴맛이나 강한 수렴성을 남깁니다. 색상에 중요한 영향을 끼치는 안토시아닌(4)은 커다란 수렴성을 가지고 있지는 않지만 어린 와인에서는 약간의 쓴맛을 주는 것으로 보고되고 있습니다.

레드 와인의 평가는 앞에서 언급한 산도, 풍만감에 타닌의 성격을 평가하기 위해 타닌의 구조감과 타닌의 부드러움 항목을 추가하여 그림 '가'에 다각형 그래프로 정리하여 나타냈습니다. A는 산도와 풍만감과 구조감의 각 요소들의 균형이 잘 잡혀 있는 레드 와인, B는 풍만감의 요소가 부족하면서 산도와 타닌감이 높은 레드 와인을 각각 묘사하고 있습니다. 일반적으로는 각 요소들의 상보적인 균형이 잘 잡혀 결과가 원형 모양을 이루고 있는 와인인 A가 그렇지 않은 B보다 좋은 품질을 지닌 것으로 평가됩니다.

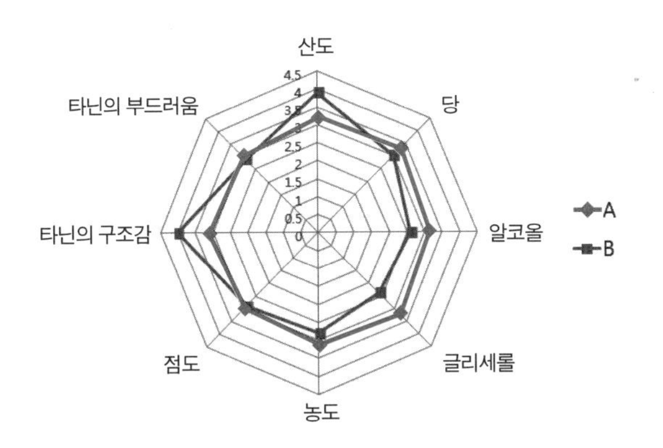

[그림 5-10] 레드 와인의 균형감

만일 비교하려는 두 와인이 세 가지 요소의 조화도가 비슷하게 좋다면 그다음에 고려해야 할 점은 화이트 와인의 평가와 마찬가지로 세 가지 요소가 입안에서 주는 느낌의 강도입니다. 일반적으로는 입안에서 느낄 수 있는 강도가 큰 와인인 A가 그렇지 않은 B보다 더 좋은 품질을 지닌 것으로 평가됩니다.

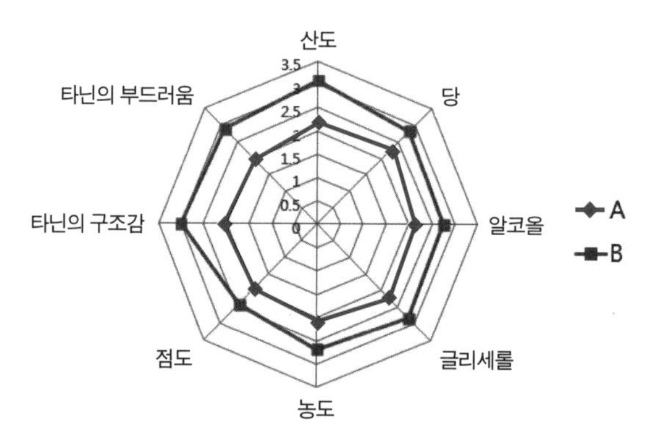

[그림 5-11] 레드 와인의 감도(농축 정도) 차이

화이트 와인과 마찬가지로 실제로 시음 시에는 레드 와인을 구성하는 세 가지의 주요 개념인 산도, 풍만감, 구조감만을 가지고 다음의 그림과 같이 단순하게 표현할 수 있습니다.

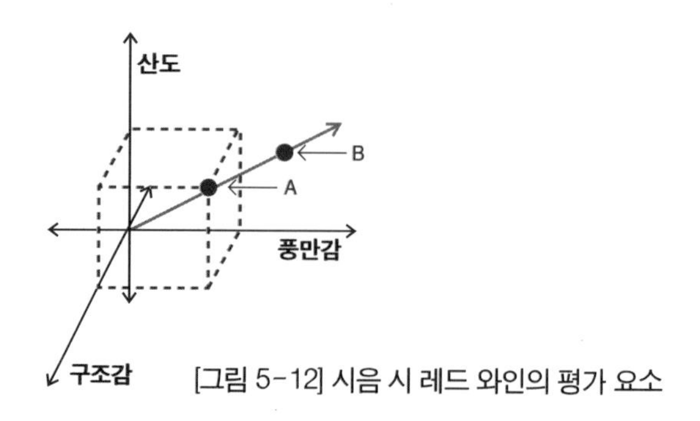

[그림 5-12] 시음 시 레드 와인의 평가 요소

세 가지 주요 요소인 산도, 풍만감과 구조감의 균형이 좋은 와인은 적색 직선상에 위치하고 있습니다. 적색선 상에서 점 A와 B로 나타나는 각각 다른 두 와인이 입안에 주는 두 가지 요소의 강도는 원점으로부터의 거리에 비례하므로 점 B가 점 A보다 더 강한(성분이 농축된) 느낌을 줍니다. 비록 위의 그림에서 세 가지 요소로 단순하게 표현되었지만 풍만감과 구조감은 우리 입속에서 주는 복합적인 요소라는 것을 인지하시고 시음 평가를 하셔야 합니다. 만일 두 레드 와인의 세 가지 요소가 거의 비슷한 균형도를 가지고 있다면 두 와인의 우열은 화이트 와인과 마찬가지로 1, 2, 3차 향의 조합으로 이루어진 복합도(Complexite)와 미묘함(Delicate)의 완성도로 결정됩니다.

위에서 육각형, 팔각형 그래프는 제가 표준화해서 사용하는 와인 평가 요소의 예시를 든 것입니다. 개인적이나 시음회에서 중요시하는 요소와 평가 항목에 따라서 차이가 있을 수 있지만 원리는 동일하니 앞으로 와인을 시음하실 땐 조금 더 간단하고 신속하게 평가하실 수 있도록 앞에서 설명드린 이차원, 삼차원의 그래프를 꼭 상기하시며 관능평가에 임하시기 바랍니다.

[표 5-8] 와인의 균형감과 이를 구성하는 물질

<table>
<tr><th colspan="2">와인의 종류</th><th>3요소</th><th>물질</th><th>느낌 및 성질</th><th>감각[12]</th></tr>
<tr><td rowspan="14">레드
와인</td><td rowspan="10">화이트
와인</td><td rowspan="6">산도
(Acidite)</td><td>주석산</td><td>금속성의 신맛
(공격적)</td><td rowspan="7">복합된 맛
(Gout)</td></tr>
<tr><td>사과산</td><td>풋과일(Vert)</td></tr>
<tr><td>구연산</td><td>청량감(Fraiche)</td></tr>
<tr><td>젖산</td><td>부드러움
(요구르트)</td></tr>
<tr><td>초산</td><td>자극적(식초)</td></tr>
<tr><td>숙신산</td><td>짜고 쓴 느낌</td></tr>
<tr><td rowspan="4">풍만감
(Moelleux)</td><td>당</td><td>달콤함, 부드러움</td></tr>
<tr><td>에탄올</td><td>농도/점도,
타는 듯한 느낌</td><td rowspan="3">촉감
(Tactile)</td></tr>
<tr><td>글리세롤</td><td>농도/점도,
부드러움</td></tr>
<tr><td>유기물
(단백질)</td><td>농도/점도,
부드러움, 풍만함</td></tr>
<tr><td colspan="2" rowspan="4">구조감
(Structure)</td><td>비중합 타닌
(Tanin Sec)</td><td>씨앗, 오크통 추출
수렴성(Astringent)</td><td rowspan="4">복합된 맛
(Gout)</td></tr>
<tr><td>중합 타닌
(숙성와인)</td><td>포도 껍질 추출
비단 같음(Soyeux),
부드러움(Souple)</td></tr>
<tr><td>안토시아닌</td><td>적색을 나타냄,
약간 쓴맛</td></tr>
<tr><td>과경의 타닌
(Tanin Vert)</td><td>쓴맛(Amer),
강한 수렴성</td></tr>
</table>

12) 2장 [표 2-1] 참조 (p.31)

5. 와인 맛의 변화와 지속도(Persistence)

앞에서 살펴보신 와인이 구강에서 미치는 영향은 개인에 따라서 다르지만 일반적으로 풍만감이 강하고 구조감이 좋은 와인일수록 오래 지속됩니다.

일반적으로 맛은 종류에 따라 입안에 인지되는 시기가 다릅니다. 접촉(Attaque) 2~3초 후에 처음 인지되는 단맛을 시작으로 5~12초 동안 단맛이 줄어들며 신맛과 그 뒤를 이어 쓴맛이 나타나기 시작합니다(Evolution). 이후 맛이 점차 사라지면서 우리에게 신맛과 쓴맛의 여운을 남깁니다(Impression Finale). 이는 연령과 신체 조건 등 개인마다 다른 차이와 주변의 환경에 따라 달라질 수 있습니다.

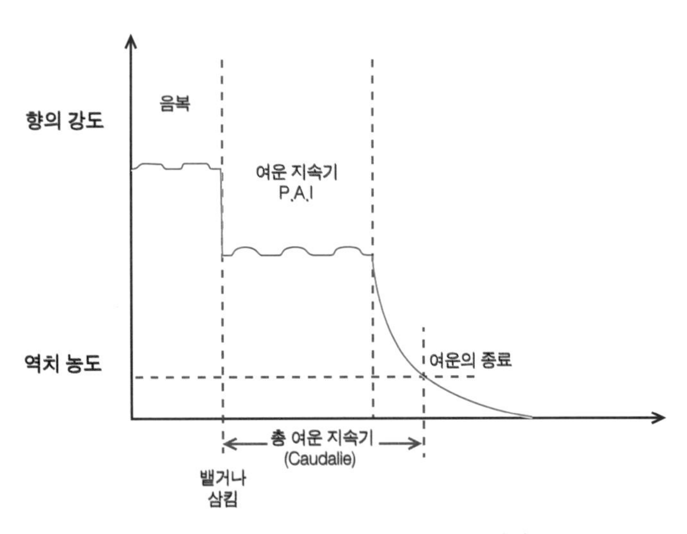

[그림 5-13] 와인의 지속도(앙드레 베델)

위의 그림은 앙드레 베델이 제시한 와인이 입안에서 영향을 끼치는 순간이 지속되는 원리를 설명한 그림입니다. 일단 입안에 들어온 와인은 음복 시기를 거쳐서 뱉거나 삼키게 되는데 이 시점을 시작으로 일정 기간 동안 집중적인 여운(P.A.I : Persistance Aromatique Intense)이 지속되다가 급작스럽게 느낌이 감소하게 되고 결국 역치 농도 아래로 떨어지게 되면서 감각이 완전히 사라집니다. 꼬달리(Caudalie)로도 표현되는 PAI의 지속 단위는 초(Second)와 동일하며 단기 소비형 와인은 2~3 Caudalies, 장기 숙성형 와인은 대략 10 Caudalies 이상으로 측정됩니다. 이는 와인의 절대적인 품질평가에 매우 중요한 측정 항목으로 널리 적용되고 있습니다.

국면	맛과 느낌	시기
접촉감 (Attaque)	단맛이 지배적임	초기 2~3초간
변화감 (Evolution)	단맛이 감소되며 신맛과 쓴맛이 나타나기 시작함	5~12초 사이
여운감 (Impression Finale)	맛이 사라지며 신맛과 쓴맛의 여운이 지속됨	마지막 5초

[표 5-9] 와인의 맛이 변화 과정(P. Casamayor)

6. 맛의 상관관계(Masquage)

맛은 앞에서도 언급한 바와 같이 동시에 작용하게 되면 상보적인 효과를 나타내는 특징을 가지고 있습니다. 와인 맛의 균형은 단맛, 그리고 이를 증폭시켜주는 역할을 하는 알코올과 와인 내의 신맛, 쓴맛의 균형으로 이루어집니다.

단맛 + 알코올 〈=〉 신맛 + 쓴맛

단맛은 자체로서 달콤한 뉘앙스를 가지는 알코올과 결합해서 증폭되며 쓴맛을 감소시키는 역할을 하므로 커피를 마실 때는 설탕을 타줍니다. 역시 단맛은 타닌감을 지체시켜 주는 역할을 하는데 이는 익지 않은 감을 한입 물었을 때 잠시 뒤에 밀려오는 떫은맛을 경험하신 걸로 설명이 될 것입니다. 약간의 짠맛은 단맛을 더욱 강하게 증폭시키는데 서양에서 자주 먹는 돼지고기를 소금에 절인 장봉과 달콤한 멜론을 곁들인 전채요리를 예로 들 수 있습니다.

쓴맛과 떫은맛은 신맛을 두드러지게 만들어줍니다. 타닌감이 강한 와인의 신맛이 강하게 느껴지는 것도 이러한 맛들의 상호작용 때문입니다.

와인 속의 이산화탄소는 산도를 높이고 타닌감을 감소시키는데 이산화탄소는 자체로 탄산이기도 하지만 입안에서 톡 쏘는 느낌과 함께 청량감을 주어 산도를 높이는 효과를 가져옵니다.

온도가 낮아지면 산도와 쓴맛 떫은맛이 증가하는데 이러한 이유로 타닌이 많이 함유된 장기 숙성형 와인은 대체로 다른 종류의 와인들보다 높은 온도에서 마시는 것입니다. 아울러 저온에서는 인간의 촉감과 후각이 감소되는 결과를 가져오므로 장기 숙성형 와인이 가지고 있는 복합적인 향취를 느끼기 어려워 제대로 된 와인 품질의 평가가 쉽지 않은 단점을 가지고 있기도 합니다.

이러한 맛의 상보적인 효과를 기억하고 계신다면 와인 평가 시에 정확한 판단을 내리는 데 도움이 됩니다.

주요소	결합하는 요소	효과	예시
단맛	알코올	증가	리큐어
	짠맛		메론+장봉
	저온 시	감소	레드 와인
신맛	쓴맛	증가	덜 숙성된 타닌이 많은 와인
	떫은맛		
	이산화탄소		탄산 수
	저온 시		레드 와인
	단맛	감소	오렌지 주스
떫은맛	이산화탄소	감소	보졸레 와인
	저온 시	증가	레드 와인
	단맛	지체	떫은 감
쓴맛	단맛	감소	커피+설탕
	저온 시	증가	레드 와인
후각/촉각		감소	화이트 와인

[표 5-10] 와인의 맛의 상보작용

심/화/학/습 3 폴리페놀(Polyphenols)

폴리페놀은 한 개 이상의 페놀고리에 다양한 기능을 지닌 한 개 이상의 수산화기가 결합되어 만들어지는 화합물입니다. 이들은 대체로 식물의 2차 대사산물로서 생성되는데 매우 종류가 다양하며 특히 와인의 구성에 중요한 작용을 하는 성분으로서 색상부터 미감까지 수많은 영향을 끼칩니다.

폴리페놀은 탄소 6개-탄소 3개-탄소 6개의 골격 구조를 가진 플라보노이드계와 그렇지 않은 비플라보노이드계로 나뉩니다. 비플라보노이드계는 다시 페놀산 그룹과 스틸벤 그룹으로 세분화되며 페놀산 그룹을 대표하는 몰식자산(Acide galique)은 오크통 숙성 시에 와인에서 추

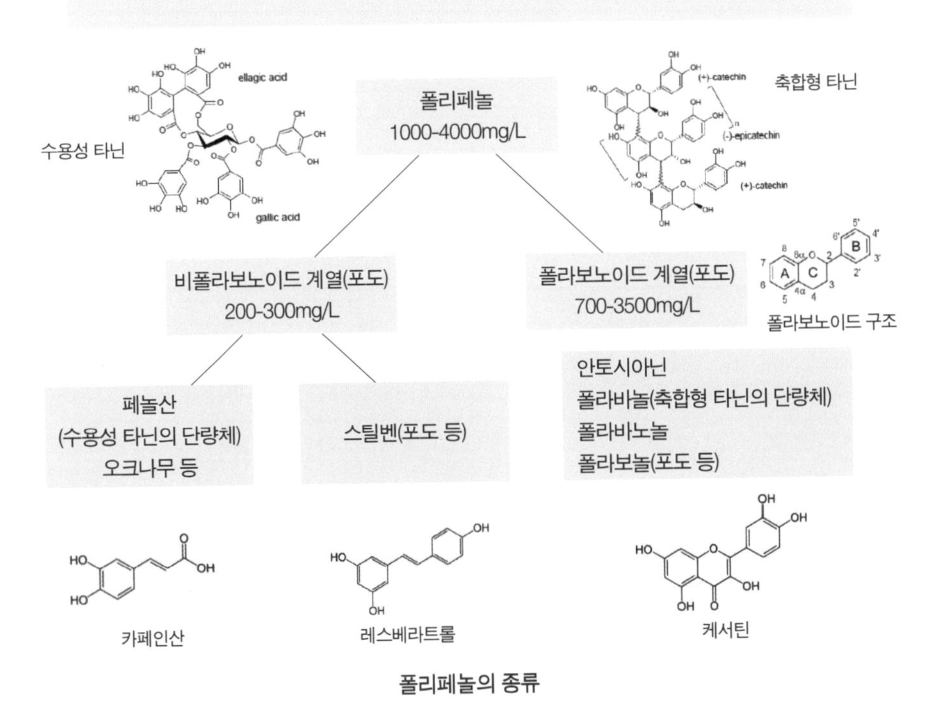

폴리페놀의 종류

출되는 수용성 타닌을 대표하는 물질입니다. 몰식자산은 대체로 오크통 가공 시 토스팅 작업에 의해서 캐러멜화되는 단량체의 당분들과 결합된 상태로 와인에 존재하며 와인에 나무 향(Boise)과 달콤한 맛을 보강해 주는 역할을 합니다. 이외 스틸벤 그룹에 포함된 레스베라트롤은 최근 들어 항암 및 항 증식성 기능으로 널리 잘 알려진 비플라보노이드계 폴리페놀입니다.

플라보노이드 계열의 폴리페놀은 이중 결합의 위치와 치환기에 따라 플라보놀, 플라바노놀, 플라바논, 안토시아닌 등으로 세분화되며 이 중 플라바놀은 축합형 타닌의 단량체로서 와인의 미감에 아주 커다란 영향을 끼치며, 안토시아닌은 적색 와인의 색을 이루는 물질로 잘 알려져 있습니다.

PART

와인의 평가

The Secret of Good Wine

CHAPTER 6
와인의 평가
The Secret of Good Wine

1. 와인의 평가와 표현

본격적인 시음은 다음과 같은 순서로 진행됩니다.

1) 잔 채우기 : 잔 부피의 1/3~2/5 최소 100ml
2) 시각적인 판단 : 5가지 요소
3) 후각적인 판단 : 3가지 향
4) 접촉(Attaque) : 15ml 가량 흡입
5) 변화(Evolution) : 타액과 반응, 산소 접촉(Grumage)
6) 각 요소 별 균형감 판단 : 산도, 풍만감, 구조감
7) 여운의 길이(Caudalie)
8) 테이스팅 노트의 작성 및 평가

1) 잔 채우기

와인의 품질과 상태에 따라 시음 전에 필요한 준비를 마친 후 와인을 천천히 시음용(INAO) 잔에 따릅니다. 오래된 와인은 잔여물 거르기에 중점을

두고, 최적 시음기 전의 와인은 산소와 천천히 접속시켜 인위적인 숙성을 염두에 두며 따릅니다. 잔에는 1/3~2/5 정도만 와인을 따라 와인 잔에 향기가 차지할 수 있는 공간을 남겨 주어야 하며 와인을 100ml 보다 적게 잔에 따를 시에 향기가 약한 와인은 후각적인 검사를 하기가 쉽지 않을 수도 있습니다.

배럴 테이스팅의 경우에는 피펫을 오크통 속으로 천천히 삽입하여 와인 내의 잔여 부유물이 피펫에 흡입되지 않도록 주의하며 오크통 내부의 2/3 정도 되는 지점에서 와인을 채취해야 가장 적절한 시음용 시료를 얻을 수 있습니다. 마찬가지 이유로 인해서 스틸 탱크에서 시료를 채취 시에는 탱크 바닥으로부터 적어도 약 1m 높이의 위치에 시음용 밸브가 달려 있습니다. 병 와인과는 다르게 오크통이나 스틸 탱크에서 시료를 채취할 때 가장 중요한 것은 채취된 시료가 탱크 내의 와인을 대표할 수 있도록 균일하게 혼합되었는지의 여부와 청징 상태입니다.

[사진 6-1] 시료 채취용 피펫

2) 시각적인 판단

흰색 바탕에 와인 잔을 놓고 자연광에 천천히 비춰보세요. 제일 먼저 진한 적색은 이 와인이 적정한 산도(pH 3~4)를 지니고 있는 건강한 와인임을 보여주는 것입니다.

아래의 표는 실제 시음 시에 와인의 색도와 투명도 두 가지의 요소를 종합해서 판단하는 척도입니다. 색도(와인 색깔의 짙은 정도)는 와인의 농축/응축도에 비례하고 짙음, 중간, 옅음의 3단계로 구분해서 평가합니다. 와인의 맑기를 나타내 주는 투명도는 이물질의 존재 여부와 와인의 안정화 정도를 표현해 주는 요소이며 맑음, 중간, 혼탁함의 3단계로 구분합니다. 실제로 시음 시에 이 두 가지 요소를 따로 구분하지 않고 종합적으로 평가하여 9단계로 구분하여 아래 표의 용어와 같이 표현합니다.

색도 (Intensité)	투명도(Limpidité)		
	맑은	중간	혼탁함
짙은	빛나는 (Lumineux)	활발한 (Vif)	짙음 (Profond)
중간	밝은 (Clair)	중간의 (Moyen)	진한 (Fonce)
옅은	연한 (Pale)	칙칙한 (Gris)	어두운 (Sombre)

[표 6-1] 일반인들을 대상으로 한 단맛의 민감도 (P. Casamayor)

레드 와인은 색도가 짙고 맑은 투명도를 가지고 있다면 우리는 이를 가리켜 '빛나는(Lumineux)'이라고 표현하고 장기 숙성에 적합하도록 보관성과 안정성이 좋다고 평가할 수 있습니다. 반면에 투명도는 좋으나 색도가 옅다면 '연하다(Pale)'고 표현하고 앞선 와인보다 보관성이 낮다는 것을 알 수 있습니다. 가장 상태가 좋지 않은 '어두운(Sombre)'이라는 표현은 보관성과 안정도 모두가 썩 좋지 않은 와인이라는 것을 유추할 수 있습니다.

채도는 와인의 나이를 알려주는 요소입니다. 최적 시음기(Apogée)를 기준으로 화이트 와인의 시간에 따른 색상 변화는 아래의 그림과 같습니다.

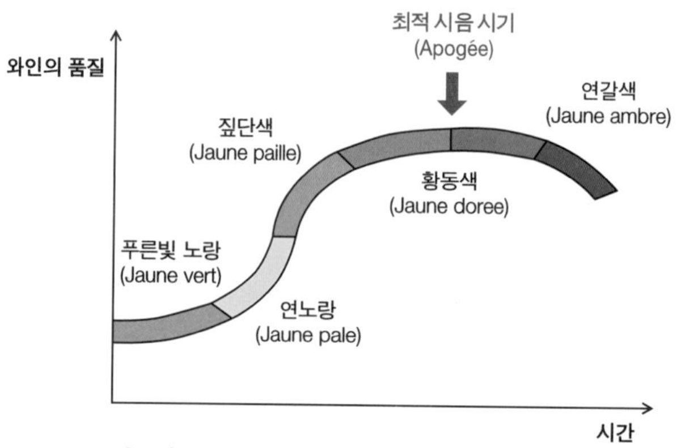

[그림 6-1] 화이트 와인의 색채 변화(J-C. Buffin)

위의 그림에서 보시듯이 초기에 푸른빛(색채)을 띤 노란색 와인은 시간이 지날수록 와인 내의 플라보노이드가 산화되면서 색상이 점점 갈색으로 변하게 됩니다. 최적 시음 시기(Apogée)는 와인의 품질 저하가 시작되는 시점이고 따라서 진한 갈색으로 변한 와인들은 일반적으로 시음 시기가 지난 것으로 판단할 수 있습니다.

마찬가지로 최적 시음 시기(Apogée)를 기준으로 레드 와인의 시간에 따른 색상 변화는 아래의 그림과 같습니다. 화이트 와인에서와 마찬가지로 산화에 의한 플라보노이드와 안토시아닌의 변색은 레드 와인을 초기의 보라색 빛깔에서 벽돌 빛깔로 변화시키며 특히 장기 숙성형 와인은 시간이 지날수록 바닥에서 검붉은 색들의 침전물이 쌓여 가기 시작합니다. 이

후 적색 와인은 색도는 감소하지만 투명도는 증가하게 되어 '밝다(Clair)'고 표현되게 됩니다.

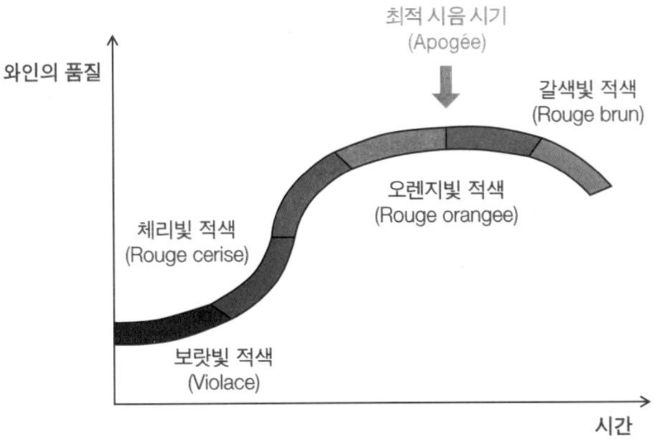

[그림 6-2] 레드 와인의 색채 변화(J-C. Buffin)

일반적으로 장기 숙성형 와인과 단기 소비형 와인의 시간에 따른 색채 변화는 아래와 같이 표현됩니다.

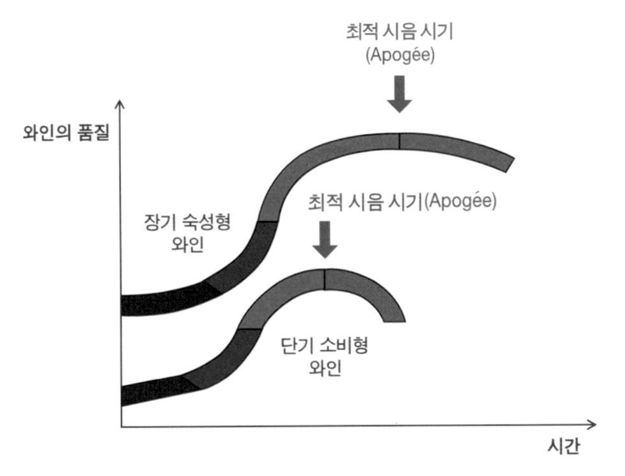

[그림 6-3] 스타일에 따른 레드 와인의 색채 변화(J-C. Buffin)

[그림 6-3]에서 보시는 바와 같이 장기 숙성형 와인의 색채가 단기 소비형보다 더 천천히 변화하며 품질도 더 높은 것을 볼 수 있습니다. 이는 일반적으로 장기 숙성형 와인의 폴리페놀과 유기물의 농축도가 더 높아 보관 기간이 더욱 길고 품질이 좋기 때문이며, 아울러 시음 시 와인의 생산 연도만을 공개하는 이유는 동일한 기간 동안에 진행된 와인의 색채 변화도를 관찰하여 와인의 장기 보존성을 판단하기 위함이라고 앞에서 설명드렸습니다.

잔가에서 흘러내리는 눈물로 와인의 알코올과 글리세롤 함량을 살펴보도록 합니다. 알코올과 글리세롤은 농·밀도가 낮은 와인에서는 타는 듯한 느낌을 준다고 앞에서 설명드린 바 있습니다.

로제 와인은 특별하게 숙성시켜 마시는 와인이 아니므로 시간에 따른 변화를 관찰할 기회가 흔하지 않습니다. 프랑스 남부의 프로방스 지방에서 생산되는 크뤼(Cru)급을 제외하고는 숙성이 가능한 로제 와인을 생산하는 지역은 없으므로 로제 와인의 숙성에 관한 사항을 생략하도록 하겠습니다. 다만 로제 와인도 시간이 지날수록 갈색 뉘앙스를 띠게 된다는 점 하나만 기억하시면 될 듯합니다.

마지막으로 발포성 와인의 거품 검사와 와인의 물리적인 결점에서 오는 색깔 변화를 검사하시면 시각적인 검사를 끝냅니다.

평가 요소	평가 방법	품질
거품의 양	병의 압력	풍만감
거품의 지속 시간	거품의 크기	미세함
거품의 안정성	지속성	우아함

[표 6-2] 발포성 와인의 평가 요소

3) 후각적인 판단

시각적인 관찰이 끝난 후 와인 잔을 바닥에 놓고 바로 위에서 천천히 냄새를 음미합니다. 이때 주의 깊게 살펴야 할 요소가 바로 와인 향의 강도(Intensité)입니다. 와인의 향을 구성하는 방향 성분은 분자량과 구조의 길이에 따라 각기 방향 정도와 지속 시간이 다릅니다. 초기에는 방향 성분이 높거나 낮은 분자량의 길이가 짧은 에스터(과실) 계열의 방향 성분이 먼저 기화되고 이후 분자량이 커다란 고급 알코올(달콤한) 계열의 방향 성분이 이후 기화되는데 와인 향의 강도는 이 방향 성분들의 양(Quantite)와 밀접한 관계가 있으며 이 방향 성분들이 많을수록 원재료의 품질과 양조 및 보관 절차가 잘 이루어진 좋은 와인으로 평가합니다.

[그림 6-4] 와인 잔 내부 방향 성분의 기화

향기의 강도를 표현하는 것은 쉽지 않지만 강도에 따라 "냄새 없는(감춰진)→냄새가 강한(엄청난)", 지속 시간에 따라 "순간적인→지속적인" 정도로 표현한다는 것만 기억해 두시기 바랍니다.

향기의 강도를 평가하고 난 후 향기의 품질을 평가하는 단계로 접어듭니다. 와인 잔을 가볍게 돌려 잔 내부에 있는 방향 성분의 기화를 촉진시킨 후 냄새를 맡습니다. 이때는 와인 향의 복합도(Complex)를 측정하는데 얼마나 다양한 종류의 향이 조화 있게 나오는가를 평가합니다. 일반적으로 젊은 화이트 와인은 단일한 풋과일이나 식물성 계열의 향을 주로 발산하다가 어느 정도 숙성이 진행되며 말린 과일, 훈현 향을 나타내고 최적 시음 시기에 접어들면서 복합적인 부케가 생성되어 와인의 향기가 완성 단계에 접어들게 됩니다.

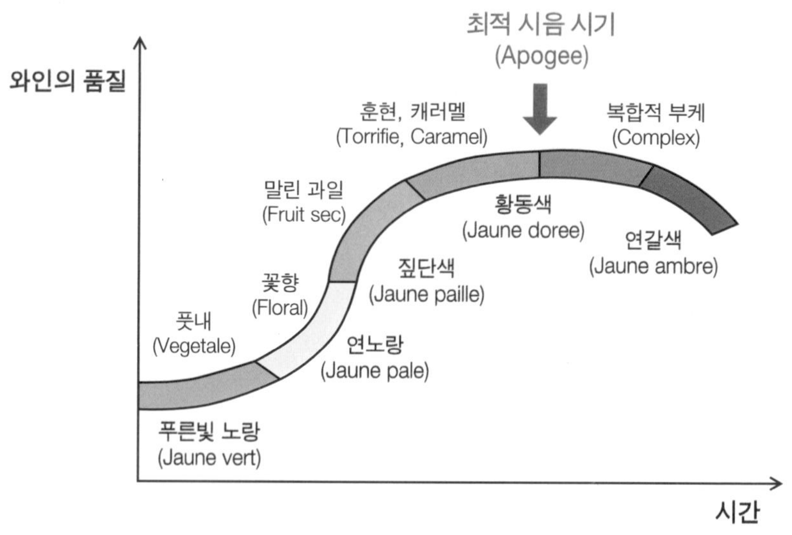

[그림 6-5] 화이트 와인의 색상과 향기 변화(J-C. Buffin)

레드 와인도 마찬가지로 초기에는 단일한 적색 과일이나 식물성 계열의 향을 주로 나타내다가 숙성이 진행되며 말린 나무 향, 훈현 향을 나타내고 최적 시음 시기에 접어들면서 화이트 와인과는 약간 다르게 동물적인 부케가 생성되어 와인의 향기가 완성 단계에 접어들게 됩니다.

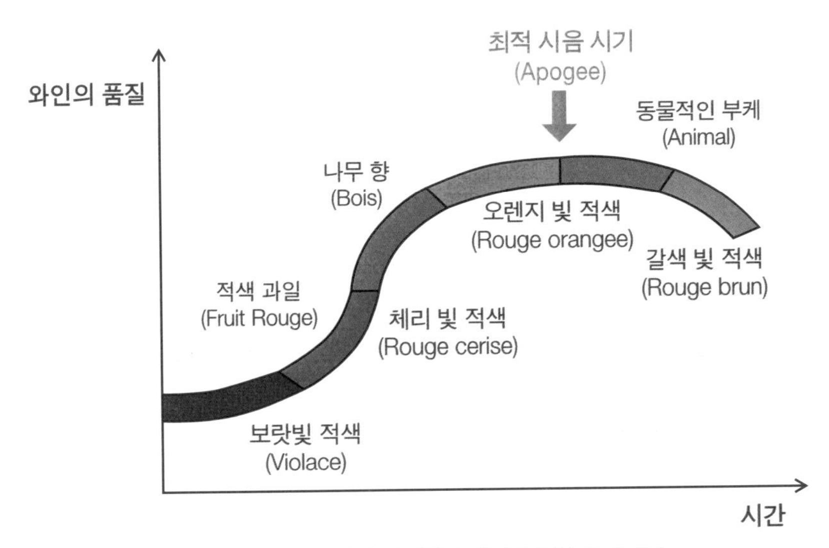

[그림 6-6] 레드 와인의 색상과 향기 변화(J-C. Buffin)

후각적인 평가 도중에 만일 불쾌한 냄새(Desagreable)가 강하게 나타난다면 결점이 있는 와인으로 평가됩니다. 가장 흔하게 발견되는 결점은 산화에 의한 썩은 사과나 매니큐어 냄새, 초산 발효에 의한 식초 냄새, 황 화합물의 변질에 의한 썩은 달걀이나 양배추 냄새 등이며 더욱 자세한 와인의 결점에 관한 사항은 3장에서 설명드렸습니다. 특히 와인 잔을 돌릴 때 급하게 역회전을 주거나 위아래로 잔을 움직인다면 위에서 언급한 와인의 결점을 감지하는데 더 도움을 줍니다.

[표 6-3] 화이트/레드 와인의 주요 향기(P. Casamayor)

분류		화이트 와인	레드 와인
1차 향	플로럴	아카시아, 산사나무, 패랭이꽃, 인동덩굴, 은방울꽃, 재스민, 이리스, 오렌지꽃, 장미, 백합, 금작화, 보리수 꽃	바이올렛, 장미, 말린 꽃
	식물성	건초, 허브, 고사리, 회양목, 찻잎	푸른 피망, 건초, 카시스 싹
	과실	사과, 복숭아, 배, 레몬, 살구, 자몽, 모과, 망고, 파인애플, 바나나	적/흑색 과일(체리, 딸기, 블랙베리, 블루베리)
	미네랄	부싯돌, 요드, 백묵, 염전	-
	향신료	-	후추, 백리향, 월계수,
2차 향	발효/유취	바나나, 스카치 캔디, 버터, 요구르트	
	이소아밀	효모, 식빵, 브리오슈	
3차 향	플로럴	말린 꽃, 까밀레, 히드	-
	식물성	-	버섯, 트뤼프
	과실	건과일, 개암, 아몬드, 호두, 살구, 벌꿀	적/흑색 과일(체리, 딸기, 블랙베리, 블루베리), 말린 자두
	훈현 향	-	초컬릿, 토스트, 커피, 담배, 캐러멜
	나무/발삼	떡갈나무, 소나무, 바닐라	그을린 나무, 유칼립투스, 소나무, 떡갈나무
	향신료	-	바닐라, 계피, 후추, 감초, 정향
	동물성	-	가죽, 야생동물(육즙)

4) 접촉감(Attaque) : 15ml가량 흡입

와인을 천천히 한 모금 입에 넣으며 와인이 주는 첫 번째 느낌을 파악합니다. 여러 종류의 맛이 섞인 와인은 맛의 상보적인 효과에 의해서 느껴지는 순서가 다릅니다. 접촉감은 대부분 단맛, 신맛, 짠맛(미네랄), 쓴맛(타닌감)의 4가지 주요 맛을 베이스로 시음 시의 온도에 따른 효과와 결합하여 감각에 인지됩니다. 먼저 단맛이 지배적으로 느껴진 후 이후 신맛이나 쓴맛이 나타나기 시작하는데 일반적으로는 단기 소비형 와인은 신맛과 청량감이 먼저 오는 반면 장기 숙성형은 온화(풍만감)하거나 구조감(타닌감)이 잘 짜인 느낌을 받게 됩니다. 약 2~3초간의 초기 느낌을 잘 기억하며 동시에 약간의 공기를 코로 내뿜으며 간접적인 경로(Retronasale)의 향기(Aroma)를 인지합니다.

5) 변화(Evolution) : 타액과 반응, 산소 접촉(Grumage)

접촉감을 판단한 후 와인을 입안 구석구석에서 굴리며 구강 전체로 맛을 봅니다. 이 과정에서 와인은 타액(침)과 섞이고 (효소)반응하면서 접촉 시에 느꼈던 주된 맛 이외에 와인의 온도, 점성도, 이산화탄소 함량, 타닌감 등 여러 가지의 부가적인 맛(Goût)이 드러나게 됩니다. 이후 와인을 입안에 머금은 상태에서 소량의 공기를 '호르륵'하면서 살짝 들이마십니다. 이를 그루마쥬 (Grumage)라고 하며 와인을 산소와 인위적으로 접촉시켜 변화하는 정도를 판단하여 와인의 보관성을 알아보기 위함입니다. 구조감과 풍만감이 좋고 장기 숙성을 전제로 만들어진 와인은 그루마쥬 전후의 차이가 크지 않지만 단기 소비형 와인이라면 그루마쥬 후 와인의 농도와 미감이 급격하게 감소하는 것을 느끼실 것입니다.

6) 요소별 균형감 판단 : 산도, 풍만감, 구조감

와인의 종류에 따라 변화 과정 중에서 감각기관에 인지된 구성 요소를 통합하여 균형감을 판단합니다. 와인의 산도는 시음하는 개인마다 다른 침의 양과 질(단백질 함량 등)에 따라 많은 차이가 있으며 와인을 구성하는 포도의 3대 산인 주석산, 사과산, 구연산과 이외의 발효되어 생성되는 산의 맛은 각각 다릅니다.

[표 6-4] 산의 종류에 따른 미각적 특징

산	맛과 느낌	기타
주석산	금속성의 공격적인 맛	와인의 보산 시 사용
사과산	풋과일의 뉘앙스	젖산 발효에 의해 분해
구연산	자극적이고 청량적인 맛	
젖산	부드러운 맛	젖산 발효에 의해 생성
숙신산	짜고 쓴맛	
초산	강하고 자극적	식초

풍만감은 단맛을 구성하는 요소들(당, 알코올, 글리세롤)과 와인의 농도/점도를 높여 주는 와인 내부의 유기 물질(주로 단백질, 인지질) 등으로 구성되어 있으며 단위 부피 당 함량(농도)이 높아질수록 구강에서 느끼는 풍만감(농밀감)이 증가하게 되고 부드러운(Rond) 느낌을 주는 것입니다.

[표 6-5] 풍만감을 구성하는 물질과 미각적 특징

풍만감	맛과 느낌	기타(구분)
당	달콤함, 부드러움	복합된 맛
에탄올	농도/점도, 타는 듯한 느낌	촉감
글리세롤	농도/점도, 부드러움	촉감
유기물(단백질)	농도/점도, 부드러움, 풍만함	촉감

아래에서 보는 바와 같이 화이트 와인의 품질을 결정하는 산도와 풍만감의 조화에 따른 와인의 스타일과 특성을 다음의 그림과 표에 정리했습니다.

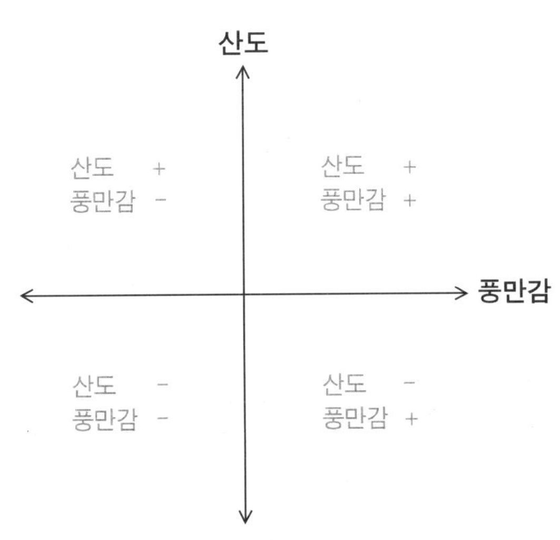

[그림 6-7] 화이트 와인의 평가 요소에 따른 스타일

[표 6-6] 화이트 와인의 평가 요소에 따른 특성

산도	풍만감	맛과 느낌
+	+	따뜻한 느낌, 높은 농축/응축도
+	-	가볍고 산도가 높음
-	+	포도주, 부드럽고 풍만함
-	-	달짝지근하고 맛이 없음

실제로는 시음 시에 위에서 언급한 각 요소의 정량적인 표현이 쉽지는 않지만 일반적으로는 각 요소의 상보적인 균형이 잘 잡혀 와인이 좋은 품질을 지닌 것으로 평가됩니다. 또한, 이 요소들이 상호작용하는 효과 중 잊지 마셔야 할 점은 "단맛 + 알코올 ↔ 신맛"과 서로 상호보완적인 작용을 한다는 점입니다.

레드 와인은 화이트 와인에서 언급한 두 가지 요소 이외에 구조감을 추가로 평가하는데 이는 아래의 표에 나타난 바와 같이 타닌의 종류와 중합도에 따라 미각에서 각기 다르게 느껴집니다.

[표 6-7] 구조감을 구성하는 물질과 미각적 특징

구조감	맛과 느낌	기타(구분)
비중합 타닌(Tanin Sec)	씨앗, 오크통 추출, 수렴성(Astringent)	복합된 맛
중합 타닌(숙성 와인)	포도 껍질 추출 비단 같음(Soyeux), 부드러움(Souple)	복합된 맛
안토시아닌	적색을 나타냄, 약간 쓴맛	복합된 맛
과경의 타닌(Tanin Vert)	쓴맛(Amer), 강한 수렴성	복합된 맛

일반적으로 포도 껍질에서 추출되어 잘 중합된 타닌이 와인에 비단같거나 부드러운 타닌감을 주며 시음 시에 구조감이 좋다고 평가를 받습니다.

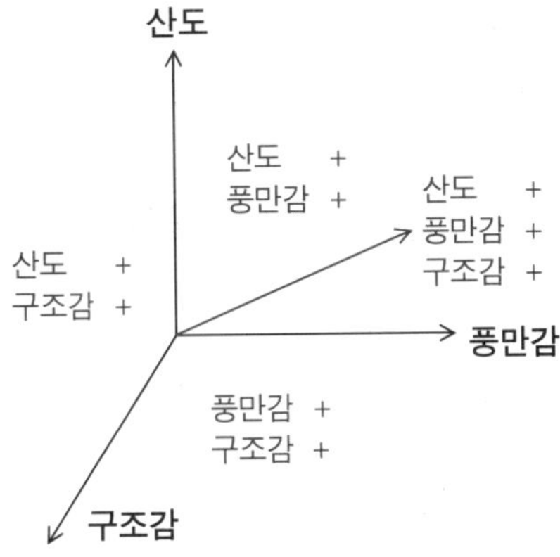

[그림 6-8] 레드 와인의 평가 요소에 따른 스타일

위의 그림에는 레드 와인의 품질을 나타내는 산도, 풍만감, 구조감에 따른 레드 와인의 스타일과 특성을 입체 공간에 나타내고 그에 따른 와인의 특성을 간략하게 아래의 표에 정리했습니다. 레드 와인도 화이트 와인과 마찬가지로 산도, 풍만감, 균형감의 3가지 요소들이 상보적인 균형을 잘 이루고 있는 것이 좋은 품질을 지닌 것으로 평가됩니다.

[표 6-8] 레드 와인의 평가 요소에 따른 특성

산도	풍만감	구조감	맛과 느낌
+	+		따뜻하고 풍만한 느낌, 부족한 구조감
	+	+	산도가 부족한 와인
+		+	단단하고 구조감 있는 와인
+	+	+	균형이 잘 잡힌 와인

7) 여운의 길이(Caudalie)

균형도 평가가 끝난 와인은 뱉거나 삼키게 되는데 이 시점을 시작으로 일정 기간 집중적인 여운(P.A.I)이 지속되다가 급작스럽게 느낌이 감소하게 되고 결국 역치농도[2] 아래로 떨어지게 되면서 인지가 불가능하게 됩니다. 이는 연령과 신체 조건 등 개인마다 다른 차이와 주변의 환경에 따라 달라질 수 있습니다. 꼬달리(Caudalie)로도 표현되는 이 여운(PAI)의 지속 단위는 초(Second)와 동일하며 와인의 객관적인 품질평가에 중요한 측정 항목으로 널리 적용되고 있습니다.

[표 6-9] 꼬달리에 따른 와인의 등급(J. Schwarzenbach)

지속 시간 (Caudalie)	등급	예시
11~14	최상급 와인	한정 생산
7~9	클라스급 와인	그랑크뤼
5~6	훌륭한 와인	AOC/AOP급 와인
3~4	특징을 지닌 와인	
2	단순한 와인	데일리 와인
0	불완전한 와인	테이블 와인

와인의 이후 맛이 점차 사라지면서 우리에게 여러 가지 다른 여운을 남깁니다(Impression Finale).

2) 감각기관에 감지될 수 있는 최소한의 농도

8) 테이스팅 노트의 작성 및 평가

[표 6-10] 테이스팅 평가 항목 요약

요소	평가 항목		평가 내용	기타
시각적 요소	색채	화이트 와인	와인의 숙성도 평가 p. 53 참조	
		로제 와인		
		레드 와인		
	거품	발포성 와인	P. 60 참조	
	색도와 투명도		P. 47, 56, 143 참조	
	점성도		P. 57 참조	
	결점(병)		P. 63(심화학습 4) 참조	
후각적 요소	향의 강도		P. 147 참조	
	향의 품질(복합성)		P. 148,149 참조	간접 경로 인식
	결점(병)		P. 100 참조	
미각적 요소	접촉감		P. 151 참조	
	미감	산도	P. 152 참조	
		풍만감	P. 152 참조	
		구조감	P. 154 참조	
	균형감		P. 122, 132, 155 참조	
	지속성		P. 133, 156 참조	
총평	특이사항		특징적인 사항 기록과 이유	
	와인의 상태		변질 및 음용/보관 판단	
	등급		시음회에 따라 수치로 판단	

2. 와인 평가 시에 영향을 주는 요소

이제까지 와인을 시음하고 평가하기 위한 물리적인 요소들을 살펴보았습니다. 그러나 이외에도 시음자들의 와인 평가에 영향을 끼치는 요소를 알아보도록 하겠습니다.

• 와인의 색에 의한 간섭

다음은 50명의 시음자들을 대상으로 와인의 색깔이 맛에 끼치는 영향을 알아보기 위해서 시음을 한 결과입니다.

[표 6-11] 색에 의한 간섭(Brochet, 2000)

와인 종류(실제)	와인의 인식 (%)	
	레드 와인	화이트 와인
화이트 와인	23	77
레드 와인	74	26
적색을 첨가한 화이트 와인	74	26

참가자들은 와인의 색상이 보이지 않는 검은색의 시음 잔에 담긴 각각의 와인을 시음했는데 색깔을 보지 않고 화이트 와인임을 맞춘 사람은 77%, 레드 와인임을 제대로 판단한 사람은 74%였습니다. 이는 약 1/4가량의 사람이 와인의 구조감을 제대로 인식하지 못한다는 결과입니다. 이후 화이트 와인에 적색을 첨가하여 시험한 결과 26%만이 제대로 화이트 와인임을 인지하였는데 이는 전체 시음자 중 약 절반가량의 사람들이 와인의 색깔에 의해서 시음 시에 영향을 받았다는 결과를 보여주고 있습니다.

• **와인의 상표에 의한 간섭**

이외에도 중간 품질의 와인을 각각 테이블 와인병과 그랑크뤼 와인병에 담아 57명의 시음자들을 대상으로 반응을 살폈는데, 참가자들은 그랑크뤼 병에 담긴 동일한 와인에 평균 24점가량 더 후한 점수를 주었으며 91%가 더 좋다고 응답했으며 88%가 긍정적인 의견을 제시하였습니다.

[표 6-12] 상표에 의한 간섭(Brochet, 2000)

와인 평가	중간 품질의 와인(%)	
	라벨 '테이블 와인'	라벨 '그랑크뤼'
평균 점수 (100점 만점)	42	64
선호하는 사람 수	9	91
긍정적인 평가	12	88
부정적인 평가	83	17

이 결과는 시음 시에 라벨(상표)에 의해서 긍정적인 영향을 받을 수 있는 사람(88명)이 그렇지 않은 사람(12명)들보다 약 8배가량 많다고 해석할 수 있습니다. 반대로 부정적으로 내린 평가 결과를 보더라도 영향을 받은 사람(83명)이 받지 않은 사람보다 5배가량 많다는 결론입니다.

• 기타 사항

이외에 시음에 영향을 줄 수 있는 요소는 선천적인 성격(민감도), 시음자의 식성(선호하는 음식), 신체 상태와 공복감, 주변의 냄새와 공간의 색상, 온도, 소음, 잔의 모양, 시음하는 시료의 개수, 긍정 혹은 부정적인 주변인의 평가, 개인적인 선호도 등이 있습니다.

[표 6-13] 와인 시음과 연관된 모든 요인/요소

<table>
<tr><th>영향받는 요인</th><th>영향 주는 요소</th><th>기타</th></tr>
<tr><td rowspan="3">시음자</td><td>맛에 대한 민감도</td><td rowspan="4">개인적인 요소</td></tr>
<tr><td>선호도(와인)</td></tr>
<tr><td>식성(음식)</td></tr>
<tr><td rowspan="3">시음자의 상태</td><td>습관</td></tr>
<tr><td>공복감</td><td>10~12시, 16~18시</td></tr>
<tr><td>피로도</td><td></td></tr>
<tr><td rowspan="5">환경, 도구</td><td>냄새</td><td>무취</td></tr>
<tr><td>색상</td><td>흰색</td></tr>
<tr><td>온도</td><td>20~22℃</td></tr>
<tr><td>소음</td><td>격리</td></tr>
<tr><td>잔의 형태</td><td>INAO 잔</td></tr>
<tr><td rowspan="3">시료의 상태</td><td>시료의 개수</td><td>1회 시음 시 최대 17개로 제한</td></tr>
<tr><td>시료에 대한 타인의 평</td><td>격리된 환경</td></tr>
<tr><td>시료의 적정온도</td><td>스타일에 맞춤</td></tr>
</table>

3. 와인 품질평가회

이제 시음을 위한 모든 준비를 마쳤습니다. 마지막으로 시음 평가에 관한 여러분들의 이해를 돕기 위해 제가 참여했던 품평회 중 국내와 국외의 대표적인 예를 3가지만 골라서 설명드리도록 하겠습니다.

1) 프랑스 농업 생산품 품평회(Concours général agricole : CGA)

[그림 6-9] 농업 생산품 품평회의 로고 : 최근 국내에도 다량 수입

1870년 처음으로 제정된 농업 생산품 품평회는 프랑스 농림수산부가 주관하는 공식 콩쿠르로서 1844년 Poissy의 육우 선발 대회의 시작에서 비롯되었습니다. 프랑스 영토와 속령에서 생산된 최상의 농/축산품을 선발하여 포상하고 홍보하는 것을 목적으로 축산 번식용 동물(종자), 농수산물과 와인, 동물 감별 분야의 세 가지 분야로 나누어져 평가가 이루어집니다. 2012년 기준으로 4,175명의 생산자에게서 생산된 1만 6,577개의 와인 중 3,815개가 선정되어 이 중 금메달 5% , 은메달 10%, 동메달 15%의 비율로 수상되었습니다. 와인 부분에서는 전문가(에놀로그) 그룹과 비전문가(소비자)가 일정 비율로 나누어 패널로 참석이 가능합니다.

Echantillon n° ______________

	Insuffisant	Moyen	Bon	Très bon	Excellent
Œil - Aspect					
Nez - Intensité					
Nez - Qualité					
Bouche - Intensité					
Bouche - Qualité					
Harmonie d'ensemble					

Impression générale / 20	1	2	3	4	5	6	7	8	9	10	11	12	13	14	15	16	17	18	19	20

Commentaire

[표 6-14] 농업 생산품 품평회의 와인 평가표

	아주 미흡(1)	약간 미흡(2)	보통(3)	좋다(4)	매우 좋다(5)
색깔					
냄새의 강도					
냄새의 (품)질					
맛의 강도					
맛의 (품)질					
조화도					

[표 6-15] 농업 생산품 품평회의 와인 평가표(번역)

농업 생산품 품평회는 전문가와 비전문가들의 의견을 종합하므로 비전문가가 평가하기에 어렵지 않도록 평가표가 구성되어 있습니다.

색상은 주요 5가지의 요소를 종합하여 5단계로 평가하며, 냄새의 강도는 와인 잔이 정지한 상태에서 감지할 수 있는 향의 농축 강도, 냄새의 품질은 잔을 돌린 후 직접적으로 감지할 수 있는 향의 품질과 입안에 머금었을 때 간접적인 경로를 통해 나오는 향의 복합적인 완성도를 평가하며, 맛의 강도는 와인의 농/응축도와 비례하는 주요 요소로서 구강에서 받는 느낌(맛, 촉감)의 강도로 판단됩니다. 맛의 품질은 와인의 조화도를 이루는 요소(산도, 풍만감, 구조감)들의 품질과 입안에서 지속되는 시간으로 평가되며, 마지막 지표인 조화도는 앞서 평가된 모든 미각 요소들이 화합하는 정도를 가지고 평가를 하게 됩니다. 총평란(Impression general)에 기재되는 점수는 이 모든 요소의 복합도와 개인적인 선호도를 20점 만점으로 평가하는 시스템입니다.

비전문가에게는 와인의 품질을 수치로 표현할 수 있어 부담이 없고 전문가는 따로 설정되어 있는 주관식의 코멘트 부분에 의견을 넣어 더 전문적인 의견을 기술할 수 있도록 구분 지었습니다. 물론 전문가들은 비전문가들보다 소수지만 이들의 평가는 비전문가의 평가보다 최종 점수 부여에 더 가중치가 부여됩니다.

[사진 6-2] 2012 농업 생산품 품평회에 출품된 부르고뉴 와인

2) Guide Hachette des Vins(기드 아셰트 데 뱅)

1985년 첫 출간이 후 현재 매년 3만 5,000여 개의 프랑스 와인을 전문가 집단으로 구성된 패널에 의해서 품질평가와 선호도를 조사하며 AOC를 중심으로 지역과 가격대별로 나누어 품질을 평가하고 있습니다. 카테고리별로 가격 대비 품질이 우수한 와인에 Coup de coeur(명품)를 부여하고 상업적인 용도로 결과가 사용되지 못하므로 일체의 스폰서나 광고를 허용치 않아 도서 가격이 한국 돈 4만 원가량으로 상당히 비싼 편이지만 상업적인 세력의 영향이 없이 객관적으로 와인의 품질을 평가하므로 프랑스 내에서 가장 공신력 있는 매체로 여겨지고 있습니다. 요식업계의 미슐랭 스타와 같은 지명도를 가지고 있습니다. 특히 동일한 가격대와 스타일의 와인을 구분하여 테이스팅함으로써 가성비가 좋은 와인을 합리적으로 고를 수 있도록 조언해 주므로 프랑스의 와인 전문점이나 와인 코너에 한 권씩 비치되어 있습니다.

[사진 6-3] Guide Hachette des Vins

Guide Hachette des Vins

Fiche de dégustation

43, Quai de Grenelle,
75905 Paris Cedex 15

Nom du dégustateur ______________________ Date

Appellation ______________________ Lieu de la dégustation ______________________

N° du vin ______________________ Millésime analysé

Type : rouge | rosé | blanc ① | sec / moelleux / liquoreux | tranquille | effervescent ①

Description du vin

Œil : mousse (effervescents) ______________________

robe (couleur, reflets, intensité, limpidité) ______________________

Nez : (intensité, qualité, nuances odorantes) ______________________

Bouche : (première impression, équilibre, dominantes, arômes : intensité et nuances ; longueur, fin de bouche)

Harmonie générale : ______________________

À l'automne prochain, ce vin sera-t-il : à boire | à attendre ①

Si "à attendre", combien de temps ? ______________________

Remarques personnelles : ______________________

Accords gourmands : ______________________

Note de 0 à 5

0 = Vin à défaut, éliminé
1 = Petit vin ou vin moyen éliminé
2 = Vin réussi
3 = Très réussi ★
4 = Remarquable ★★
5 = Exceptionnel ★★★

Vin recommandé | Vin éliminé ①

Coup de cœur : OUI | NON ①

① Entourez la (les) réponse(s) désirées.

[표 6-16] Guide Hachette des Vins 평가표

[표 6-17] Guide Hachette des Vins 평가표(번역)

<table>
<tr><td colspan="3">시음자 :</td><td>날짜 :</td></tr>
<tr><td colspan="2">AOC :</td><td colspan="2">시음 장소 :</td></tr>
<tr><td colspan="3">시료번호 :</td><td>생산연도 :</td></tr>
<tr><td>와인
스타일</td><td>레드, 로제, 화이트</td><td>드라이
스위트
주정강화</td><td>비발포성, 발포성</td></tr>
<tr><td colspan="4">와인의 묘사</td></tr>
<tr><td rowspan="2">시각</td><td colspan="3">거품(발포성)</td></tr>
<tr><td colspan="3">잔가(색도, 품질, 색채)</td></tr>
<tr><td>후각</td><td colspan="3">(후각 강도, 품질, 향의 뉘앙스)</td></tr>
<tr><td>미각</td><td colspan="3">(접촉감, 조화도, 주된 느낌, 향기 : 강도와 뉘앙스 : 지속도, 마지막 여운감)</td></tr>
<tr><td>전체적인
조화도</td><td colspan="3"></td></tr>
<tr><td>올가을에는</td><td colspan="3">음용이 가능하다, 더 기다려야 한다</td></tr>
<tr><td>얼마만큼
더 숙성</td><td colspan="3"></td></tr>
<tr><td>개인적인
평가</td><td colspan="3"></td></tr>
<tr><td>어울리는
음식</td><td colspan="3"></td></tr>
<tr><td rowspan="2">점수
0~5점</td><td colspan="2" rowspan="2">0점 : 문제점이 있는 와인, 제외
1점 : 평범한 와인
2점 : 성공적인 와인
3점 : 매우 성공적인 와인 ★
4점 : 뛰어난 와인 ★★
5점 : 매우 뛰어난 와인 ★★★</td><td>추천한다, 제외한다</td></tr>
<tr><td>명품이다, 명품이 아니다</td></tr>
</table>

먼저 평가의 신뢰성을 부여하기 위해서 평가자의 간단한 신상과 평가 일시, 그리고 시료에 간단한 정보를 기입하도록 되어 있습니다.

시각적인 요소는 거품의 품질과 색채에 대한 평가로 나누어지고, 후각에 대한 평가는 강도와 품질, 그리고 뉘앙스로 판별합니다. 미각 부분은 점촉감, 세 가지 요소의 조화도, 와인이 주는 주된(Dominant) 느낌으로 품질을 판별하고, 간접적인 경로에서 나오는 향기의 강도와 뉘앙스, 지속도를 평가하며 마지막으로 여운감의 지속도를 판단합니다. 전체적인 조화도는 앞서 평가된 모든 미각 요소들이 화합하는 정도를 가지고 평가를 하게 됩니다.

이외에도 숙성도를 판단하는 음용 시기에 대한 질문과 어울리는 음식 그리고 개인적인 느낌을 적을 수 있도록 구성되었으며 총점 5점으로 판단되며 대체적으로 3점 이상을 얻기가 매우 힘듭니다. 3점은 별 하나, 4점은 별 두 개, 5점은 별 세 개로 미슐랭 가이드와 비슷한 시스템을 적용하고 있습니다. 중간에 후·미각에 결점을 뉘앙스가 풍긴다면 다음 단계의 평가 없이 해당 시료는 제외하게 됩니다. 마지막으로 동일 가격대나 AOC급 중에 가성비가 좋은 와인에 명품(Coup de coeur)을 부여하여 마시기 좋은 와인으로 추천하였습니다. 이는 다소 와인 평가 용어의 구사가 미흡한 초보자나 외국인에게는 쉽지 않지만 와인에 대한 체계적인 이론을 쌓은 전문가들의 객관적이고 심도 있는 평가를 얻을 수 있다는 장점이 있습니다.

3) 아시아(대전) 와인 트로피

아시아 와인 트로피는 대전 마케팅 공사와 독일 와인 마케팅사(베를린 와인 트로피 개최)가 2013년도부터 공동으로 개최한 대전 와인 트로피가 명칭을 바꾼 것으로 2015년도까지 3년간 시행되었습니다. 이 대회는 아시아 최대 규모의 와인 품평회로서 그동안 3회의 행사를 통하여 아시아 지역 최대의 국제 와인 품평회로 발전하였으며, 국제와인기구 OIV(International Organization of Vine and Wine)와 국제양조자연맹 UIOE(Union International des Oenologues)의 승인을 받아 더욱 공신력이 인증되었으며 와인 생산, 유통, 미디어, 교육 등의 분야에 종사하는 세계 각국의 와인 관련 전문가들이 심사위원으로 참여합니다.

OIV

1. Daejeon Wine Trophy 2013
- Verkostungsblatt - Fiche de Degustation
- Ficha de Degustacion - Score Sheet
- Scheda di Degustazione

STILLWEIN
VINS TRANQUILLES / VINOS TRANQUILOS
STILL WINES / VINI TRANQUILLI

Date	Code	Jury	Flight	Wine
	N°	N°	N°	N°

Jurymitglied / Membre du Jury / Miembro de Jurado / Member of the Jury / Membro della Giuria	N° JM	Ausgezeichnet / Excellent / Excelente / Excellent / Eccelente +	→	→	→	Unzureichend / Insuffisant / Insuficiente / Unsufficient / Scadente −	Bemerkungen / Observations / Observaciones / Remarks / Osservazioni
Ansehen / Vue / Visual / Vista / Vista	Klarheit / Limpidité / Limpidez / Limpidity / Limpidezza	5	4	3	2	1	
	Aspekt / Aspect / Aspecto / Aspect / Aspetto	10	8	6	4	2	
Geruch / Odorat / Bouquet / Olor / Olfatto	Offenheit / Franchise / Franqueza / Genuineness / Franchezza	6	5	4	3	2	
	Positive Intensität / Intensité positive / Intensidad positiva / Positive Intensity / Intensità positiva	8	7	6	4	2	
	Qualität / Qualité / Calidad / Quality / Qualità	16	14	12	10	8	
Geschmack / Goût / Taste / Gusto / Gusto	Offenheit / Franchise / Franqueza / Genuineness / Franchezza	6	5	4	3	2	
	Intensität / Intensité / Intensidad / Intensity / Intensità	8	7	6	4	2	
	Abgang / Persistance / Persistencia / Persistence / Persistenza	8	7	6	5	4	
	Qualität / Qualité / Calidad / Quality / Qualità	22	19	16	13	10	
Harmonie - Gesamtbewertung / Harmonie - Jugement global / Armonía - Valoración global / Harmony - Overall Judgement / Armonia - Giudizio complessivo		11	10	9	8	7	
Ergebnis / Résultat / Resultado / Result / Risultato							

Unterschrift des Jurymitgliedes:	Unterschrift des Juryvorsitzenden:	Total:	nicht zu bewerten / défault / defectuoso / defect / difettoso ○

[표 6-18] 2013 대전 와인 트로피 심사 평가표

1. 대전 와인트로피 2013

시음평가표

비발포성 와인

날짜	코드	심사위원	시음시기	와인
	N°	N°	N°	N°

심사위원	N°	뛰어남 + →				부족함 -	특이사항
시각	투과도	5	4	3	2	1	
	외관	10	8	6	4	2	
후각	순수성	6	5	4	3	2	
	강도	8	7	6	4	2	
	품질	16	14	12	10	8	
미각	순수성	6	5	4	3	2	
	강도	8	7	6	4	2	
	지속성	8	7	6	5	4	
	품질	22	19	16	13	10	
조화도		11	10	9	8	7	
결과							

서명	서명	총점	결점 ○

[표 6-19] 2013 대전 와인 트로피 심사 평가표(번역)

시각적인 요소는 투과도와 전체적인 외관(색도, 채도, 점도)을 판단합니다. 후각적인 요소에서는 향기의 순수성, 강도, 그리고 품질을 평가하는데, 여기서 향기의 순수성이란 와인의 결함이 적을수록 완성도가 높아지는 와인의 향기를 일컬으며 향기의 품질은 선호되는 향의 복합적인 완성도를 의미합니다. 미각적인 요소는 순수성, 강도, 지속성, 품질로 평가하는데 순수성이란 향기와 마찬가지로 결함이 적을수록 완성되는 맛을 가리키고, 강도는 와인의 농축도와 연관 있는 요소이며, 맛의 지속성은 초 단위로 표현하여 길게 지속되는 것을 높게 평가합니다. 품질은 선호되는 맛의 복합적인 완성도를 나타냅니다. 마지막으로 조화도는 시각, 후각, 미각적 요소들의 조화 및 완성도를 총체적으로 표현하는 정도입니다.

PART

와인 스타일에 따른 특성

The Secret of Good Wine

CHAPTER 7
와인 스타일에 따른 특성

The Secret of Good Wine

1. 화이트 와인

화이트 와인 시음 시 품질을 판단하기 위한 두 가지의 측정 지표(산도, 풍만감) 중 초보자들이 중점을 두어 접근해야 할 점은 단연 산도입니다. 장기적인 시음을 하시다 보면 일반적으로 화이트 와인은 산도가 강렬한(Vif) 와인과 풍만(Gras)하고 따뜻한(Chaud) 와인 두 가지로 나누어집니다.

화이트 와인의 시음 시에 특히 주의하셔야 할 점은 시음 시 온도입니다. 적정 시음 온도가 섭씨 14도인 화이트 와인을 섭씨 18도에서 음용한 결과, 와인이 섬세함(Fin)이 부족하고 풋내(Herbacé)가 강하게 나타났습니다. 일반적으로 질이 낮은 와인은 높은 온도에서 더 쉽게 결점을 드러내고 신맛의 질(짜고 쓴 느낌)도 떨어져 균형(Equilibre)이 깨집니다. 반대로 이 화이트 와인을 적정 시음 온도보다 한참 낮은 섭씨 6~8도에서 시음한다면 와인의 향기는 정지(Bloqué)되고 냉기로 인해 구강의 감각이 둔화되어 와인의 장단점을 판단하기 어렵게 됩니다.

• 단기 소비형 화이트 와인

단기 소비형으로 출시된 와인은 대부분 1, 2차 향을 주로 띠고 있으며 주요 품종으로는 머스캣, 소비뇽, 리슬링, 게부르쯔타미너 등이 있습니다. 이들은 풍성한 방향 성분을 함유하고 있으므로 일반적인 와인 생산(Vinification traditionelle) 방법으로 충분하게 그들이 가진 향기를 와인에 옮길 수 있습니다. 반면 샤도네나 막산 같은 경우는 포도 껍질 부분에 훨씬 더 많은 방향 성분을 지니고 있어 장기 숙성을 거칠 경우에 더 좋은 품질의 와인을 생산할 수 있습니다.

화이트 와인의 품질을 결정짓는 가장 중요한 요소는 원재료인 포도의 성숙도(Maturité)입니다. 청포도가 익어가면서 당분이 축적되고 산도가 감소합니다. 아울러 설익은 포도가 가졌던 풋내가 줄어들게 되고 껍질 속의 방향 성분이 점차 숙성되어 가며 각 포도 품종의 특성이 뚜렷하게 나타납니다.

수확 후 바로 압착되어 즙만 발효가 되고 이때 발효 온도는 섭씨 17도에서 약 3~4주간 지속됩니다. 레드 와인보다 낮은 발효 온도 때문에 발효 시간이 약 2~2.5배가량 더 늘어나지만, 레드 와인처럼 와인의 방향 성분을 보호해 줄 주박(Marc)[1]이 없어 섬세한 향기를 보존하기 위해서 낮은 온도로 발효하며 1차 향과 더불어 주로 이소아밀(Isoamyle) 계열(바나나, 스카치 캔디 등)의 2차 향이 와인에 풍미를 더해 줍니다.

---

1) 와인의 양조 중에 생기는 고형분. 주로 포도 겁질, 씨앗 등으로 이루어짐

[사진 7-1] 표면 침용 방식

수확 후 바로 압착하지 않고 단시간 동안 껍질과 씨앗을 즙과 함께 침용 시키는 표면침용(Macération pelliculaire, Skin contact :영) 방식은 특히 뮈스까데와 샤도네 품종의 향미(Arôme)을 추출하기 위해 사용되는데 상당한 수준의 장비를 요하며 약 6~10여 시간가량을 특수한 Cuve(양조통)에 불활성 가스(Gaz inerte)를 포도즙(Vendange)과 함께 채워 과피(Peau)의 향기 성분을 주스로 뽑아내어 과실과 플로럴(Floral) 계열의 향이 지배적인 와인을 생산합니다.

단기 소비형 화이트 와인은 1, 2차 향을 주로 하는 과실 향과 청량감(사과산)이 주된 와인이므로 통상적으로 젖산 발효를 거치지 않습니다. 젖산은 와인에 부드러운 풍미를 부여하지만 대신 사과산을 소진시켜 청량감을 감소시키기 때문입니다. 이들은 대체로 1차 향인 식물성, 플로럴(아카시아, 인동덩굴, 장미, 패랭이꽃, 금작화, 보리수 꽃, 시트로넬, 재스민), 과실(사과, 배, 복숭아, 살구, 모과) 계열 외에 2차 향인 발효취(바나나, 영국 사탕, 식빵, 브리오슈)를 띠고 있습니다.

대체로 북부지방의 화이트 와인들은 산도가 강한 경향을 가지고 있으며 과실 향과 함께 청량감을 지니고 있습니다. 일반적으로 이들의 마지막 느낌은 강한 산도에 의해 마무리되는 경우가 많아 생산자들은 와인의 잔당량[2]을 늘리거나(알사즈) 젖산 발효(부르고뉴)를 통하여 균형을 잡습니다. 반면 남부지방의 와인은 부드럽고 풍만한 경향을 자주 보이는데 이러한 단조로움을 없애기 위해 와인에 스파이시한 느낌(품종)을 부여하던가 와인에 잔여 탄산가스를 남겨 청량감을 주는 방식을 적용하고 있습니다.

2) 와인 내부에 발효되지 않고 남아 있는 당분, 주로 비발효당으로 이루어짐

[표 7-1] 화이트 와인의 주요 향기와 특성

계열	향기	품종/특성
식물성	신선 식물(신선한 허브, 건초, 회양목, 송악, 고사리)	소비뇽, 슈냉/갓 생산된 와인
	건식물(찻잎, 마른 낙엽, 담배)	샤도네/오크통 발효 와인
	버섯류(버섯, 초목)	숙성이 진행된 와인
플로럴	수목(아카시, 찔레꽃, 인동 덩굴)	샤도네
	정원꽃(바이올렛, 이리스, 산사나무, 장미, 히드, 회향목)	리슬링, 비오니에, 게부르쯔타미너, 뮈스까
과실	백색 과일(사과, 복숭아, 배, 살구)	모작, 막산, 세미용
	감귤류(자몽, 레몬, 오렌지)	소비뇽/스위트 와인
	이국적 과일(리치, 파인애플, 망고, 멜론, 모과)	망숭, 소비뇽, 슈냉/스위트 와인
	견과류(호두, 개암), 아몬드	숙성된 샤도네, 막산/쥐라 와인
향신료	향신료(계피, 바닐라, 정향)	오크통 발효 와인
	향기 식물(민트, 띰, 아니스, 회향, 트뤼트)	롤, 클라렛/남프랑스 와인
나무/방향	떡갈나무, 발삼, 소나무, 유칼립투스	오크통 발효 와인
화독/훈현	연기, 훈현, 담배, 캐러멜	오크통 발효, 스위트 와인
미네랄	부싯돌, 백묵	소비뇽, 리슬링
발효/유취	효모, 식빵, 브리오슈, 요구르트	샴페인, élevage sur lie, 젖산 발효 와인

• 장기 숙성형 화이트 와인

레드 와인과는 다르게 타닌이 부족한 화이트 와인은 항상 산화의 위험에 노출되어 있습니다. 그러나 와인 자체가 지니고 있는 유기 물질의 농축도, 특히 산도에 힘입어 박테리아로부터 보호되고 오크통 숙성으로 자체에서 부족한 타닌을 보충하여 보존성을 향상시키며 동시에 산화작용을 거친 와인은 병 속에서 환원 과정을 맞으며 자신의 대부분의 삶을 지내게 됩니다.

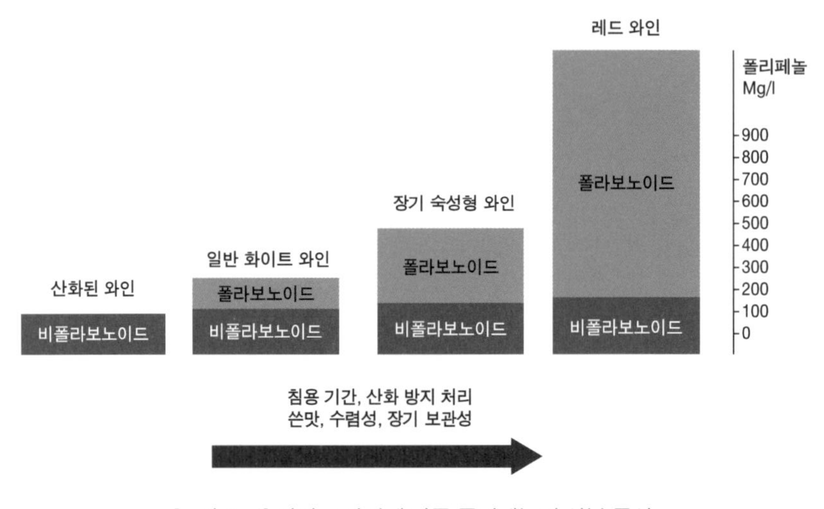

[그림 7-1] 와인 스타일에 따른 폴리페놀의 성분 구성

젊은 기간 동안 잔가에 연녹색 빛을 띠던 와인은 성숙과 더불어 잔가가 금빛으로 물들며 시간이 지날수록 짙은 금색과 황동빛을 거치며 결국 갈색으로 변해갑니다. 젊은 날의 화이트 와인 향은 앞서 설명해 드린 바와 같이 주로 1차 향인 식물성, 플로럴 향과 2차 향인 발효취를 띠지만 시간이 지날수록 차츰 숙성한 과일과 자연스러운 산화취(Rancio)를 풍기게 됩니다. 동시에 젊은 시절 풍기던 식물성 풋내는 말린 약초, 마른 담배, 그리고

젖은 낙엽 냄새가 섞인 미묘한 부케를 형성하고 풋과실 냄새는 건과일류나 말린 아몬드, 호두와 같은 견과류로 변하는 동시에 단순한 향신료 냄새는 감초나 머스크, 트뤼프와 같이 복합적이고 미묘한 동물적인 향취로 변해 갑니다.

품종	특성	미감	AOC
막산/후산	낮은 산도지만 높은 농축도로 인해 장기 보관 가능	풍만감, 건과일류, 향신료	Hermitage
리슬링	강한 산도, 풍만감이 상대적으로 부족하여 잔당을 남겨 보강, 페트롤(결점 아님)	꽃 향, 향신료, 왁스, 미네랄	Alsace 그랑크뤼
슈냉/사비니에	강한 산도로 인하여 장기 보관 가능, 장기 보관으로 인해 균형감 갖춤	벌꿀, 마른 꽃, 마른 찻잎, 건과일류	Loire
샤도네	가장 완벽한 장기 숙성형 와인	떡갈나무, 건과일류, 견과류, 말린 꽃	Bour-gogne
비오니에	강한 농축도(풍만감)로 장기 보관 가능, 매우 섬세한 향기를 갖춘 풍만한 와인	건과일류, 말린 담배, 왁스	Châ-teau-grillet
소비뇽/세미용	산도와 풍만감의 조화도가 훌륭한 와인	벌꿀, 향신료	Grave, Pessac-léognan

[표 7-2] 포도 품종별 장기 숙성형 화이트 와인의 특성

숙성이 지속되며 와인은 산도와 풍만감이 더욱 균형을 이루어 가며 일반적으로 날카로웠던 산도가 부드러워집니다. 반면 몇몇 경우에는 반대로 산도가 더 강해지며 풍만감이 떨어진 상태에서 종말을 맞습니다. 어쨌든 숙성과 함께 생성된 산화취는 조심스럽게 새롭게 발생되는 방향 성분(부케)과 함께 조화를 이루게 되며 앞서 언급한 바와 같이 두 가지 경향으로

변화를 지속하게 됩니다.

장기 숙성형 와인은 일반적으로 압착 후 얻은 즙을 적당한 탁도로 유지하며 오크통에서 알코올 발효를 거치게 됩니다. 적당한 탁도의 포도즙은 발효하는 데 필요한 적당량의 유기 영양 성분을 함유하고 있으며 발효는 섭씨 약 22도가량을 유지하게 됩니다. 알코올 발효가 끝난 후에는 수티라쥬(Soutirage)를 하지 않고 와인을 그대로 죽은 효모와 함께 숙성시키는 리 숙성(Elevage sur lie) 방식으로 풍만감을 높입니다. 이 방식은 와인을 죽은 효모와 함께 숙성시키는 동안 이들이 자가 분해되며 구성하고 있던 단백질과 인지질 성분이 와인 속에 녹아들어가 와인의 풍만감을 높이며 오크의 미묘한 방향 성분과 함께 복합적인 부케를 생성시키는 역할을 합니다.

2. 레드 와인

레드 와인의 품질을 판단하기 위한 측정 지표는 화이트 와인의 두 요소(산도, 풍만감)와 구조감입니다. 레드 와인 역시 지속적으로 시음을 하다 보면 일반적으로 과실 향(Fruité)이 강하고 청량감(Fraiche)이 좋으며 마시기에 부담감이 없는 타닌감(Coulant)을 가진 와인과 산도와 구조감(Structure)이 강하고 묵직한(Corsé) 와인으로 나누어집니다. 간단하게 두 가지의 와인을 비교하시기 좋은 예가 바로 가메 품종을 주로 생산하는 보졸레 누보와 까베르네 소비뇽을 주 품종으로 하는 뽀이약 와인을 상기하시면 좋을 것 같습니다.

가벼운 레드 와인(보졸레 누보)은 14~15도, 장기 숙성형 와인(메독)은 섭씨 17~18도가량에서 시음 한 시간 전에 코르크를 열어 둡니다. 보졸레 와인은 가벼운 체리 색깔에 보랏빛 뉘앙스를 띠며 이와는 대조되게 일반적으로 뽀이약 와인은 진하고 검붉은 루비 색깔이지만 잔 가장자리가 자줏빛을 띄었으면 아직 숙성이 진행되지 않았다고 판단할 수 있습니다.

보졸레의 향은 강렬한 적색 계열의 과실(나무 딸기, 체리, 딸기, 블랙베리) 향이 주를 이루고 저온 발효로 인한 바나나 향 및 플로럴 계열(이리스, 장미)의 향기가 그 뒤를 따를 것입니다. 만일 너무 많은 양의 가당(Chaptalization)이 행해졌다면 와인은 너무 강한 알코올 취로 인해서 이러한 향들이 가려질 것입니다.

뽀이약 와인의 주된 향은 잘 드러나지(Discret, Fermé) 않으며 흑/적색 과실 계열(체리, 까시스 등)의 향이 오크통과 미묘하게 결합(서양 삼나무, 바닐라, 향신료)되어 은은하게 나타납니다. 만일 양조 시에 숙성도가 떨어지는 원재료(포도)를 사용했다면 식물취(피망, 아스파라거스 등)가 강하게 느껴질 것입니다. 디켄팅은 너무 튀는 과실 향을 줄여 균형을 잡는 동시에 전체적인 향기를 강화시키는 역할을 합니다.

보졸레 와인의 접촉(Attaque) 시 부드럽고 가벼운 구조감을 주며 풍성한 과실 향이 부담감이 없는 타닌감과 잘 조화되어 전형적인 상쾌하고 청량감 있는 와인 스타일을 보여 줍니다. 반면 지속감(Persistence)은 수초에 불과하며 마지막 여운감(Finale)은 청량한 느낌을 주는 산미(Acidité)가 입안에 끝까지 남습니다.

반면 뽀이약 와인은 접촉 시 잘 드러나지(Discrete) 않는 견고한 구조감(Structure)을 보여 주며 적당한 산도와 풍만감(Souple), 그리고 중후한 타닌의 느낌이 입안을 가득히 메우며 전형적인 장기 숙성형(Vin de garde) 와인의 스타일을 보여 줍니다. 주의해서 보셔야 할 점은 타닌의 질감(Texture)입니다. 섬세하고(Fin) 녹아드는(Fondu) 부드럽고(Souple) 비단결(Soie) 같은 타닌감과 어우러지는 향신료(Epicé) 느낌, 마지막으로 이 모든 요소가 어우러져서 구성된 조화감(Complex)이 강력하게 지속(Persistence Intense)되며 잔잔한 과실감과 향신료의 향을 남깁니다. 이 와인의 디켄팅은 와인이 녹아드는 타닌과 강한 과실감을 얻게 하여 세 가지 요소를 조화도 시켜 줍니다.

• 단기 소비형 레드 와인

제경(Egrappage)과 파쇄(Foulage) 과정을 거쳐서 알코올 발효 과정을 거칩니다. 알코올 발효 이전에 침용(Macération) 과정의 차이에 따라서 생산되는 와인의 구조감에서 차이가 나는데 일반적으로 침용 초기에는 색상을 이루는 안토시아닌이 침출되고 이후로 점점 더 씨앗에 있는 단단한 타닌(Tanin dur)이 침출되게 되어 너무 오랜 기간 동안의 침용은 바람직하지 않게 여겨집니다.

낮은 알코올 발효 온도를 유지한다면 와인은 과실 향과 청량감이 주된 부담 없이 마실 수 있는 단기 소비형 스타일의 와인(Vin primeur)이 생산되며 온도가 좀 더 상승한다면 색상이 짙고 타닌감이 강한 장기 숙성형의 와인이 생산될 것입니다. 이 기간 동안의 와인즙(Moût)과 고형물(Marc)의 접촉도 생산 와인의 스타일을 결정하는 중요한 요소입니다. 생산되는 와인은 이 기간 동안 삐자쥬(Pigage)[3], 르몽따쥬(Remontage)[4]의 작업 빈도가 잦고 강도가 클수록 장기 숙성형 스타일에 가깝게 됩니다.

---

3) 와인의 침용을 돕기 위해 알코올 발효 중 주박(Marc)을 눌러서 가라앉히는 작업
4) 와인의 침용을 돕기 위해 알코올 발효 중 하단의 즙을 뽑아내어 상부로 올려주는 작업

[사진 7-2] Pigeage traditionnelle

이후 양조 탱크의 밸브를 열어 흘러내린 와인을 받게 되는데 이를 내림 와인(Vin de goutte, Free run wine : 영)이라 하고, 나머지 고형물(Marc)을 압착하여 얻은 와인을 압착 와인(Vin de press, Pressed wine : 영)이라고 합니다. 압착 와인은 낮은 산도와 더불어 높은 타닌 함량으로 자체만으로 마시기에 균형이 부족하므로 내림 와인과 적절하게 섞어(Assemblage) 완제품의 균형을 맞춥니다.

단기 소비형 와인들의 색도는 천차만별이지만 색채만은 푸르거나(Bleu), 보랏빛(Violette)으로 공통적인 요소를 가지고 있습니다. 이들의 향도 1, 2차 향이 주된 플로럴 계열(모란, 바이올렛, 장미)과 과실 계열(블랙베리, 체리, 딸기, 나무딸기, 산과앵도, 까시스, 블루베리) 외에 2차 향인 발효에 의한 유취(바나나, 영국 사탕)를 띠고 있습니다. 보졸레 누보를 양조하기 위한 특징적인 양조 방식인 탄산 침용법(Macération Carbonique)은 특히 와인에 과실 향을 강화시키는 방법으로 잘 알려져 있습니다.

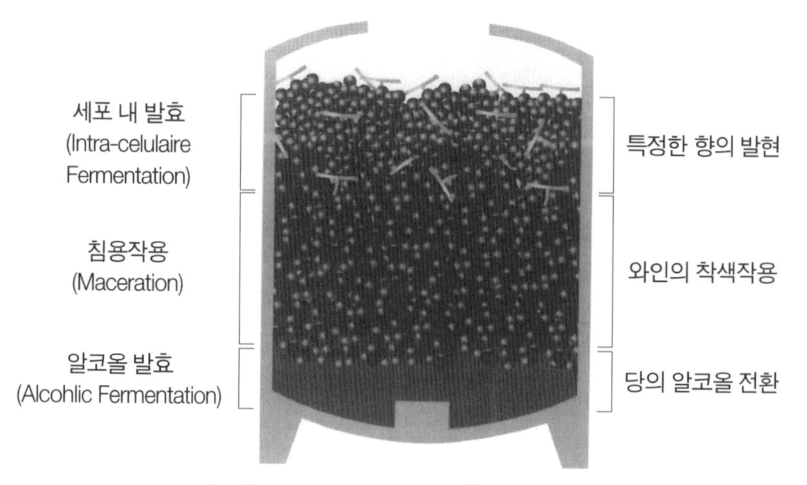

[그림 7-2] 탄산 침용법(Macération carbonique)

이 방법은 이산화탄소를 가득 채운 탱크에 포도를 차곡차곡 쌓아 자체 무게에 의한 자연적인 압출로 인하여 파쇄, 침용 과정을 거치도록 합니다. 침용 과정 중에 양조 탱크 내부에는 3개의 층이 생성되게 되는데 가장 하부에서는 압출되어 나온 포도즙에 의한 발효작용이, 중층부에서는 포도가 즙 속에서 침용작용을 거치게 되며, 상층부에서는 파쇄되지 않은 온전한 포도와 이산화탄소의 상호작용으로 인한 특유의 향(이소아밀 계열의 바나나, 스카치 캔디 등)이 생성됩니다.

[사진 7-3] 탄산 침용에 의해 변화하는 와인의 색

탄산 침용 방식은 단독으로 사용 시 알코올 발효를 종결시키지 못하므로 차후 압착에 의해서 포도즙을 얻은 후 효모 첨가 및 알코올 발효를 거쳐 와인이 완성되게 됩니다(보졸레 누보와인).

이외에도 성숙도가 부족한 원재료에서 최대한의 색상과 타닌 성분을 뽑아내기 위해서 열과 압력을 가하여 침용을 하는 급속 안정화(Flash detente) 방식이 있습니다.

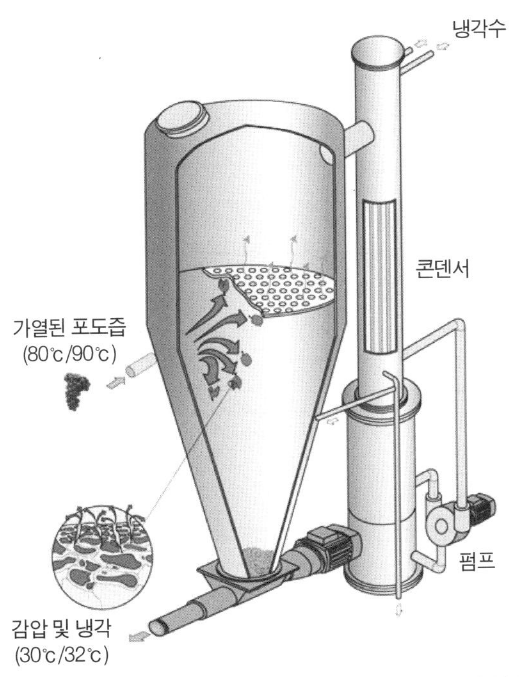

[그림 7-3] 급속 안정화(Flash detente) 방식에 의한 침용

섭씨 약 80~90도가량으로 가열한 포도즙을 갑자기 진공(1/20 기압) 상태의 저온(섭씨 30도)으로 만들어주면 포도 표피의 색소와 타닌 성분들이 거의 완벽하게 추출되어 완숙도가 약간 부족한 원재료로도 와인을 만드는 데 부족함이 없는 기술입니다. 이 방식에 의해서 생산된 와인은 약간 아밀릭

(바나나, 스카치 캔디)한 향취를 지니고 있습니다.

젊은 장기 숙성형 와인은 단기 소비형 와인의 향과는 매우 다른 특성을 보여 줍니다. 향기는 잘 드러나지 않는데 우리는 이를 가리켜 Fermé(닫히다)라고 표현합니다. 이는 적정 기간 동안의 숙성을 통해서 뚜렷하게 나타나므로 이 시기에 소비하는 것은 바람직하지 않습니다.

단기 소비형 와인의 접촉(Attaque) 시 청량감이 주를 이루며 이후 풍성하게 잘 익은 과실 향과 부드러운 느낌이 잘 조화되어 있으며 상대적으로 강할 수 있는 알코올취를 줄이기 위해 섭씨 약 12도에서 음용하는 것을 권장합니다. 타닌은 이미 부드럽게(Souple) 잘 숙성되었으며(Fondu) 특정한 미식감(Mache)이 시음 시 이러한 스타일의 와인의 특성을 잘 살려줍니다.

• 장기 숙성형 레드 와인

장기 숙성형 레드 와인의 보관을 가능하게 해주는 중요한 요소인 산도와 타닌의 구조감은 전문가의 경험으로서만 판단이 가능합니다. 장기 숙성형 레드 와인은 양조 기간 중에 스틸 탱크나 배럴에서 시음되었을 때 그 향과 맛은 잘 드러나지 않지만 타닌의 구조감만이 그의 미래를 가늠할 수 있게 해주는 유일한 요소입니다. 양조가 끝나서 병입된 와인은 이후 상당 기간(1~2년 경우에 따라서는 5~6년 이상) 동안을 닫힌(Fermé) 상태로 지내게 됩니다. 이 기간 동안에 와인을 시음하는 것은 매우 실망스러운 결과를 초래하곤 합니다.

초기에 와인의 채도(Hue)는 진청 기운이 섞인 보라색이나 자주색 계열의 색을 띠며 시간이 지날수록 오렌지 기운을 띠는 쪽으로 변해갑니다. 색도는 감소하며 투과도는 증대되므로 와인은 매우 맑아지지만 더 시간이 지나 갈색빛을 띠게 된다면 서서히 전성기를 지남을 의미합니다.

숙성된 와인의 향기 중 가장 큰 특색은 복합도(Complexité)입니다. 숙성되는 시기에 와인은 부케(Bouquet)라 불리는 3차 향을 생성하게 되는데 이는 매우 미묘하여(Delicat) 하나하나를 구분해 내는 것이 쉽지 않습니다. 이 시기에 도달하기 전 와인은 병입되어 환원된(Reduit) 상태에서 훈현 향(Empyromatique) 계열의 향기, 즉 원재료가 되는 과실과는 판이하게 다른 성질(감초, 훈현, 훈제, 커피, 초콜릿)의 향기를 만들어 냅니다. 동물적 요소의 향(가죽, 고기즙, 야생 짐승 등), 나무 향 그리고 버섯이나 젖은 건초와 같은 식물적인 요소들도 골고루 섞여 점진적으로 마무리를 짓게 됩니다.

젊은 장기 숙성형 와인이 가지고 있는 자극적인 타닌과 수렴성으로 표현되는 커다랗고 단단한 골격은 시간이 지나며 와인에 녹아들며 균형을 이루게 되는 것입니다. 양조 작업 시 초기 타닌의 품질을 판정하는 것은 매우 중요합니다. 잘 익은 포도 껍질의 내피에서 느껴지는 부드러움(Soie)과 떫은 감을 물었을 때 입에서 느껴지는 촉감의 차이를 인지하시면 도움이 될 듯합니다. 양질의 타닌은 숙성과 더불어 수렴성이 줄어들며 와인과 좋은 하모니를 이루게 될 것입니다. 아울러 초기에 와인의 보존에 도움을 주었던 강한 산도도 시간이 지나며 와인에 녹아들어 부드럽게 균형을 이루게 됩니다. 아울러 잠시 동안 사라졌던 과실 향도 은은하게 되살아나며 와인에 풍미를 더해 줍니다.

[표 7-3] 레드 와인의 주요 향기와 특성

계열	향기	품종/특성
식물성	까시스 싹	시라(Syrah), 페 살바두(Fer servadou)
	푸른 피망	까베르네(Carbenet)
	담배	오크통 발효 와인
	버섯	숙성 완료 와인
	트뤼프	AOC 뽀므롤(Pomerol), 카오(Cahors)
플로럴	장미, 바이올렛, 모란	가메(Gamay), 꼬(Cot) /갓 생산된 와인
과실	적색 과실(나무딸기, 딸기, 체리)	갓 생산된 와인
	흑색 과실(까시스, 블루베리, 블랙베리)	완숙된 원료, 남프랑스 와인
	과수류(자두, 살구, 체리)	피노느와(Pinot noir) /숙성이 진전된 와인
	견과류(호두, 아몬드)	산화 초기
향신료	계피, 바닐라	오크통 발효 와인
나무/방향	떡갈나무, 발삼, 유칼립투스	오크통 발효 와인
화독/훈현	초콜릿, 토스트	따나(Tanat), 그레나슈(Grenache), 무베드르(Mouverde)
동물성	육즙, 가죽, 야생조류	그레나슈(Grenache), 무베드르 (Mouverde)/숙성이 진전된 와인

3. 로제 와인

레드 와인의 향취와 화이트 와인의 질감을 가지고 있는 로제 와인은 크게 두 가지 방법으로 만들어집니다. 로제 와인은 생산 방식에 따라 그 스타일이 확연하게 구분되며 화이트와 레드 와인을 섞어 만드는 방식은 사용되지 않습니다.

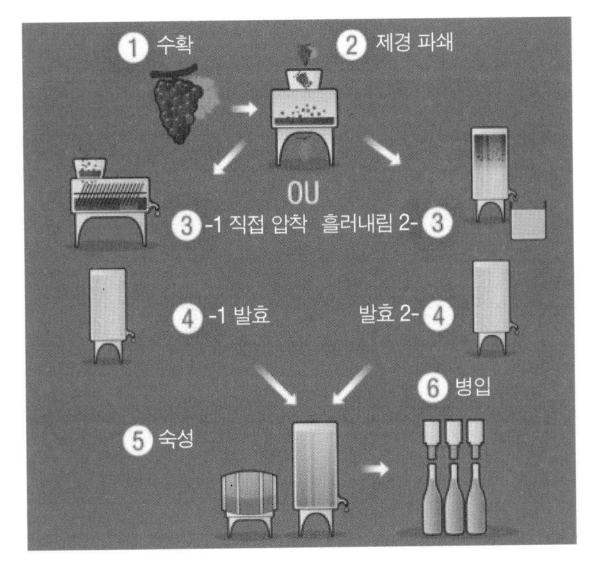

[그림 7-4] 로제 와인의 주요 생산 방법

첫 번째 생산 방법(3-1, 4-1)은 화이트 와인과 동일한 방식으로 수확한 적색 포도를 곧바로 압착시켜 즙만을 가지고 발효하는 방식입니다. 이것은 화이트 와인과 상당히 비슷한 미각적 특색을 가지고 있습니다. 두 번째 방식은 레드 와인과 동일하게 제경 파쇄를 거친 즙(Moût)을 발효시키지 않고 일정기간 동안 즙과 고형분을 함께 침용(Maceration)시킨 후 즙만을 내려(Saignée) 와인을 만드는데 이것은 압착 방식보다 더 짙은 색상과 레드 와인의 특성을 지닌 향기 성분을 많이 얻을 수 있습니다. 물론 침용 기간 동안 타닌을 비롯한 더 많은 폴리페놀 성분을 얻을 수도 있고 더 와인스러운(Vineux) 향취를 풍깁니다. 로제 와인은 화이트 와인과 마찬가지로 청량감과 방향 성분을 얻기 위하여 낮은 온도에서 발효시킵니다.

시각적으로 너무 옅은 로제 와인은 결점이 생긴 것으로 간주되며 너무 짙은 색을 띠고 있는 것은 시음자들에게 착각을 불러일으킬 수가 있습니다. 로제와 레드 와인의 중간점에 있는 와인은 보르도의 클라레나 알사스의 피노느와 종류일 것입니다.

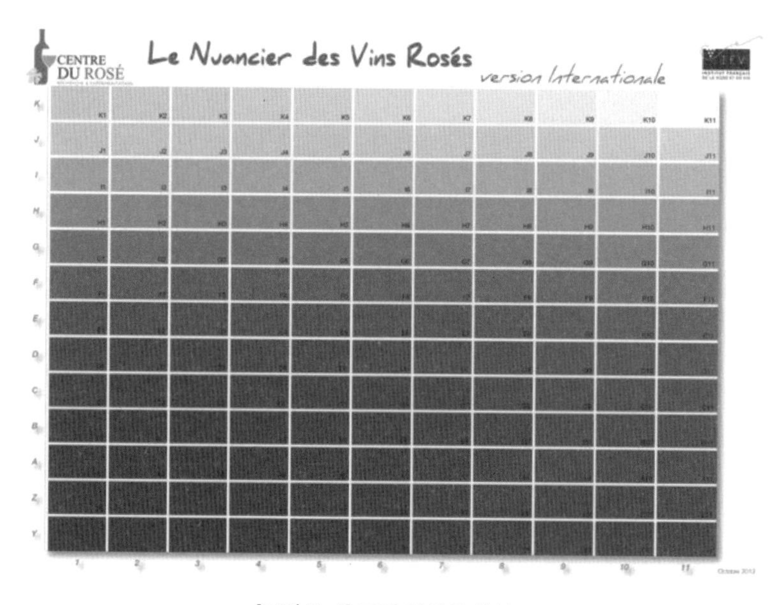

[그림 7-5] 로제 와인의 색상

일반적으로 로제 와인의 향기는 플로럴, 과실, 식물성 계열이나 발효취와 더불어 아밀릭(바나나, 스카치 캔디) 계열 주를 이루며 특이하게도 어떤 것들은 오래된 레드 와인과 비슷한 나무, 훈현 향이나 동물적인 요소를 나타냅니다. 로제 와인의 짧은 수명을 비춰 보았을 때 매우 희귀한 경우지만 매우 잘 알려진 로제 와인의 주산지인 프랑스의 프로방스 지방의 크뤼 클라쎄(Crus classé) 와인들은 비교적 로제로서는 장기 보관성을 지니고 있는 것으로 알려져 있습니다.

시음 시 로제 와인은 청량한 느낌을 주로 주며 산과 풍만감의 균형으로 인해서 와인의 경향이 결정됩니다. 접촉 시 즉시 산도와 과실 향이 구강 내에서 인지될 것이며 만일 이 두 가지 요소의 부조화로 청량감이 결여된다며 와인은 밋밋(Plat)하거나 느끼해질(Lourd) 것입니다. 반대로 지나친 산도는 와인을 시게(Vert) 만들거나 조화를 깨뜨릴 것(Grincant)입니다. 숙성 기간이 짧은 만큼 와인에 함유되어 있기 쉬운 이산화탄소도 이런 단점을 더욱 부각시킵니다.

잘 만들어진 로제는 입안에 풍성한 과실감과 청량감을 가져다 주며, 적당한 타닌감은 와인 맛의 강도와 지속성을 증대시켜 줍니다. 모든 것이 잘 갖추어진 로제는 너무 무겁지도 튀지도 않으며 차가운 음식과 잘 조화를 이룹니다. 한여름에 시원한 음식과 함께(섭씨 10~13도) 레드와 화이트 중에서 고민하게 된다면 저는 주저 없이 레드의 향취를 띤 화이트 와인, 로제 와인을 택합니다.

[표 7-4] 로제 와인의 주요 향기와 특성

계열	향기	품종/특성
식물성	카시스 싹, 피망	카베르네 (Carbenet)
플로럴	오렌지 꽃, 복숭아, 장미, 금작화, 바이올렛	네그렛(Negret), 피노 느와(Pinot noir)
과실	체리, 카시스	피노 느와(Pinot noir)
	딸기, 나무딸기	카베르네(Carbenet), 타나(Tanat), 생소(Cinsault), 그로요(Grolleau)
	살구, 복숭아, 배, 사과	그레나슈(Grenache)
	과수류, 이국적 과일, 생 아몬드	기술적인 방법
발효취	효모, 스카치 캔디	기술적인 방법
향신료	후추	시라(Syrah), 무베드르(Mouverde)

4. 스위트 와인(Vin liquoreux)

포도가 가지고 있는 당 17g은 와인으로 발효되면서 약 1%가량의 알코올로 전환됩니다. 따라서 잔당이 없는 12~14%가량의 드라이 와인을 만들기 위해서는 포도즙 1L당 약 204~238g가량의 당이 포함되어 있어야 합니다. 반면 스위트 와인은 이러한 알코올 발효 과정을 통해서 와인이 완성된 이후에도 일정량의 당이 남아 있어 마실 때 달콤하고 더욱 부드러운 느낌을 줍니다. 이들은 생산 방식에 따라 몇 가지로 나뉘게 됩니다.

• 늦 수확 방식(Vendange Tardive)

일반적인 수확 시기보다 더 늦게까지 포도의 수확을 늦추어 포도가 가진 당과 유기물의 농도를 높여 스위트 와인을 양조하는 방식입니다. 늦수확(Vendange tardive, Late harvest : 영)이라고 하며 가장 일반적인 스위트 와인을 생산하는 방식으로써 이 스위트 와인은 당을 비롯한 유기물들이 농축되어 일반 와인들보다 더욱 달콤하고 부드러운 느낌을 주게 됩니다.

• 귀부 방식(Pourriture Noble : 영 Noble Rot)

보트리시스 시네리아(Botrytis cinerea)균은 특정한 기후 조건에서는 귀한 부패(Pourriture noble)를 일으켜 포도의 주요 성분을 농축시키고 특정 성분(글리세롤, 글루콘산, 숙신산)의 생성을 촉진하여 일반 포도에서는 찾아볼 수 없는 특이한 방향 성분(소톨론)을 생성시킵니다. 단순 농축으로 생산된 일반 스위트 와인과는 다르게 미생물의 작용으로 생성된 특이한 유기산과 방향 성분으로 인해서 좋은 밸런스(Equlibre)와 더불어 복합적인(Complex) 향기를 발산하며 고품질과 더불어 수십 년 이상도 보관이 가능한 저장성을 지니고 있습니다.

보르도 지역의 소테른(Sauternes)과 바르삭(Barsac)에서 생산되는 귀부 와인이 가장 잘 알려졌으며 이외에 프랑스 내의 루아르(Loire), 알자스(Alsace) 지역의 귀부 와인들, 그리고 헝가리의 토까이(Tokai)나 독일 라인가우 지역에서 생산되는 트로켄베렌아우스레제(Trockenbeerenauslese : TBA)도 귀부 포도로 생산된 와인들입니다.

[사진 7-4] 귀부 포도알

• 수확 후 건조(Passerlliage : 빠세야쥬)

수확한 포도를 수분이 없는 곳에서 건조하면 과립의 탈수로 스위트 와인을 만들 수 있을 만큼 당분과 유기물이 농축됩니다. 이러한 방식으로 만든 와인 중 대표적인 것으로 이탈리아의 아마로네(Amarone) 와인과 프랑스 쥬라(Jura) 지역에서 만들어진 짚 와인(Vin de paille) 등이 있습니다. 일반적인 스위트 와인과 양조 방식에는 커다란 차이를 보이지는 않으나 건조 과정 중 휘발산(Hydroxy Methyl Fufural)의 발생이 증가되는 것으로 보고 되었습니다.

[사진 7-5] Passerillage(포도 수확 후 건조)

• 아이스 와인 방식

아이스 와인(Eiswein : 영 Ice wine)은 독일에서 영하 6℃(-13℃ 최적), 캐나다에서는 영하 8℃ 이하에서 수확 후 양조하는 것을 규정으로 삼고 있습니다. 수확 시 기준 성분(35Brix 이상, 125g 이상, Alc 13%)과 수확 연도, 수확 일을 명기하며 수확량은 일반 와인에 비하여 약 10~15%가량에 불과하여 생산 단가가 매우 상승하게 됩니다. 귀부화가 진행되지 않은 채 단순한 동결에 의해서 생산되는 아이스 와인과 Cryoextraction 방식으로 생산된 와인의 차이는 명확하게 밝혀져 있지 않습니다.

[사진 7-6] 아이스 와인용 포도 수확 장면

심/화/학/습 1 Cryo/Supra extraction

Cryo/Supra extraction은 일반 포도를 인위적으로 동결시켜 얻은 농축된 포도즙으로 와인을 생산하는 기법입니다. 이 방식은 먼저 포도를 동결시킨 후 압착하여 즙을 얻는 Cryoextraction과 포도를 압착하여 즙을 얻은 후 얼려서 즙만을 추출해 내는 Supra extraction으로 나누어집니다.

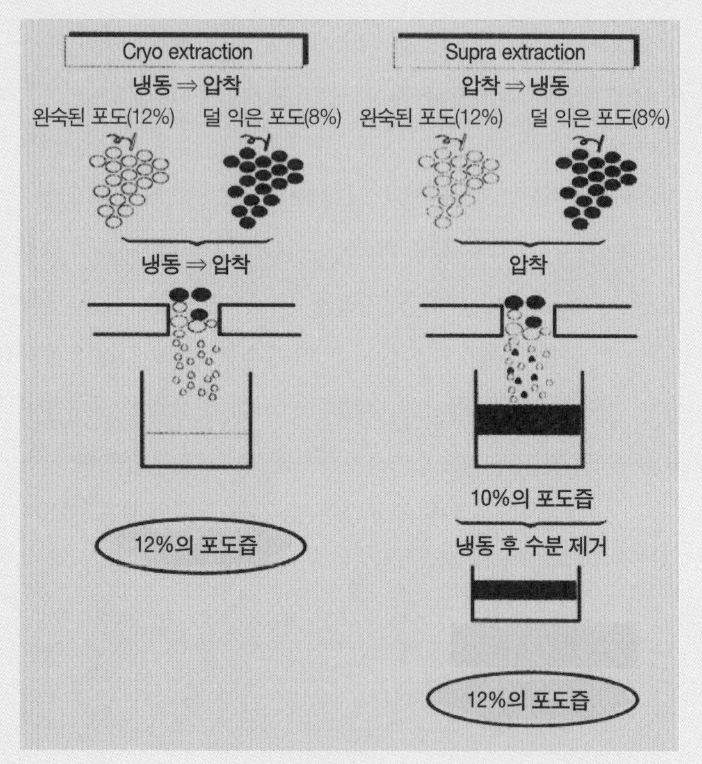

Cryo/Supra extraction 공정도

이상으로 스위트 와인을 만드는 방식을 포도를 농축하는 방법을 중심으로 살펴보았습니다. 아래의 그림은 각 방식으로 생산한 와인의 당도/산도의 비율을 나타내고 있습니다. 포도즙의 농축 방식에 상관없이 당은 농축이 되지만 산의 농도가 동일하지 않은 것을 보실 수 있습니다. 단순한 건조 방식은 당과 산의 비가 동일하게 상승하여 산도가 너무 높아지지만 늦 수확과 귀부작용에 의해 당이 농축된 포도는 생리학적인 이유로 산도의 상승이 그다지 크지 않은 것을 확인하실 수 있을 것입니다. 이와 더불어 귀부 포도는 보트리티스 시네리아에 의한 유기물(산)과 방향 성분이 생성되어 품질 면에서 더 복합적인(Complex) 향기를 지니고 있어 타 스위트 와인들과 차별화되어 있는 것을 아실 수 있을 것입니다.

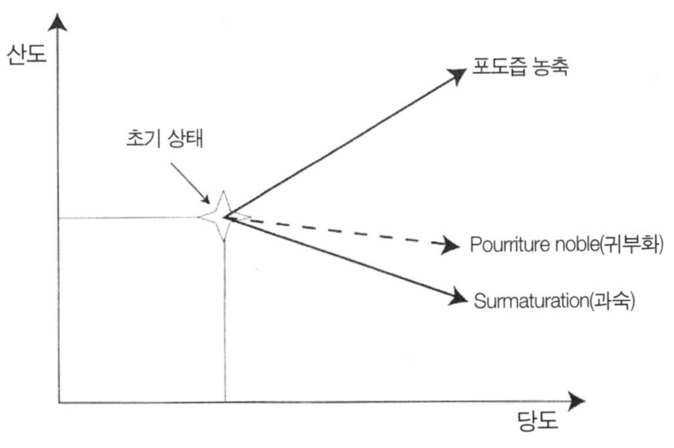

[그림 7-6] 농축 방식에 따른 당/산도비 차이

스위트 와인은 이들이 포함하고 있는 잔당과 단백질이 결합하여 진행되는 마이야 반응에 의해서 초기의 금빛에서 황동색으로 변화됩니다. 이들의 향기는 초기에 풍부한 플로럴과 과실 계열(감귤류나 이국적인 과실)이 주를 이루다 숙성이 진행되며 향신료, 훈현 향 그리고 말린 과일과 견과류 등이 대표적인 향으로 생성되며 복합적인(Complex) 향기가 완성됩니다.

이들은 일반적으로 14%[6]의 알코올과 약 70g의 잔당을 함유함으로써 산도와 풍만감의 균형을 이루며, 만일 이 비율에서 알코올 함량이 더 높다면 타는 듯한(Brulant) 느낌이 강하고 산도가 낮다면 와인이 무거운(Lourd) 느낌을 주게 됩니다.

5. 스파클링 와인(Vin effervescent)

스파클링 와인의 양조 방법은 크게 스틸 와인의 제조(Vin de base)와 거품 생성(Prise de mousse)의 두 단계로 나뉘며, 이 중 두 번째 단계인 거품 생성 방식에 따라 전통적(Traditionnelle) 방식, 고전(Ancestrale) 방식, 폐쇄형(Cuve de close) 방식으로 다시 나누어지게 됩니다.

1) 스틸 와인의 제조	2) 거품 충전
화이트 와인의 제조	전통적(Traditionnelle) 방식
	고전(Ancestrale) 방식
	폐쇄형(Cuve de close) 방식

[표 7-5] 스파클링 와인의 생산 공정

첫 번째 단계인 스틸 와인의 제조 방식은 일반적으로 화이트 와인과 거의 동일하며 포도의 직접적인 압착(Pressurage)을 통하여 즙을 얻은 후 발효 공정을 거칩니다. 특히 샴페인은 AOC급[7] 중 유일하게 화이트 품종의 포도와 레드 품종을 포도를 섞는 것[8]을 허용하는데 4,000kg의 포도를 압착

6) l'Ecloe de la degustation
7) Apellation d'origine Controlée의 약자로서 3등급으로 나누어진 프랑스 와인 체계에서 최상급 와인
8) Coupage(원산지가 다른 와인을 섞는 방법)라고 함

하여 얻은 2,550L의 과즙 중 1차에 얻은 2,050L를 Cuvée(큐베), 2차에 얻은 500L를 Taille(따이)라고 구분합니다. 이 중 Cuvée의 품질이 더 우수하며 이를 이용해서 만든 와인은 샴페인 병에도 잘 표기되어 있습니다.

• **전통적인(Traditionnelle) 방식 : Champenoise**

알코올 발효가 끝난 베이스 와인은 2차 발효를 위하여 보충(Tirage) 공정을 거치는데 보충액(Liqueur de tirage)이라고 불리는 설탕과 효모의 혼합 용액을 첨가 후 저온의 동굴에서 최소 12개월 동안 서서히 2차 알코올 발효가 이루어집니다. 알코올 발효가 탄산가스를 발생시켜 압력을 높이고(5~6기압) 거품이 생기는 과정이 끝나면 효모는 사멸 후 가라앉습니다.

[그림 7-7] 전통적인 스파클링 와인 제조 방법

이후 규칙적인 회전과 진동으로 찌꺼기를 병목으로 모이게 하는 병 돌리기(Remuage) 공정을 거친 후 병목을 0℃ 이하로 급속 냉각하여 효모 제거(Dégorgement) 작업을 통하여 병목에 침전되었던 죽은 효모들이 병 밖으로 제거되는 공정을 거치게 되며 손실된 와인을 보충액(Liqueur de dosage)으로 보충하는 도자쥬(Dosage) 작업으로 마무리되는데 이때 첨가되는 당분의 양에 따라 brut, sec, demi-sec, Doux 등으로 와인의 당도가 결정됩니다. 이 전통적인 방식으로 샴페인을 제조하였다면 샴페인(Champenoise) 방식이라고 말합니다.

• 고전(Ancestrale) 방식

고전 방식은 기본적으로 전통적인 방식과 동일하지만 대부분 보충(Tirage) 공정이 생략되어 전통적인 방식에 의해 생성된 스파클링 와인보다 압력이 낮고 잔당량이 많아 부드러운 느낌을 주는 약발포성 와인을 생산하는 데 많이 사용됩니다.

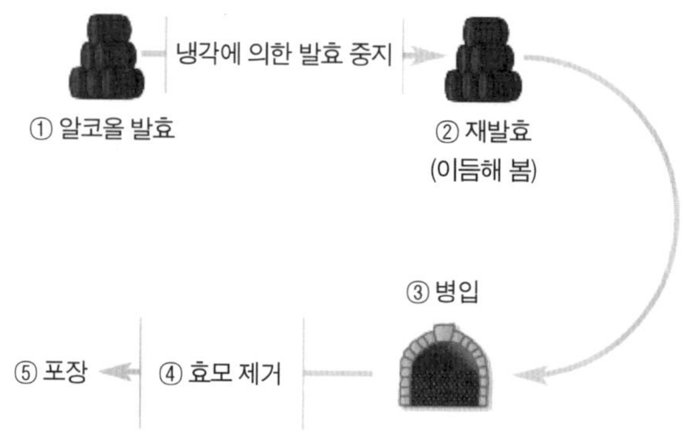

[그림 7-8] 고전 방식의 스파클링 와인 제조 방법

• 폐쇄형(Cuve de close) 방식

병에서 가스를 충전시키는 기존의 두 방식과는 다르게 발효 탱크에서 가스를 충전하는 방식입니다. 베이스 와인에 설탕과 효모를 첨가하여 이차 알코올 발효를 끝낸 후 효모 여과 후 병입을 합니다. 직접 가스를 와인에 주입하는 발포성 와인은 품질이 상대적으로 저급하여 널리 사용되지는 않고 있습니다.

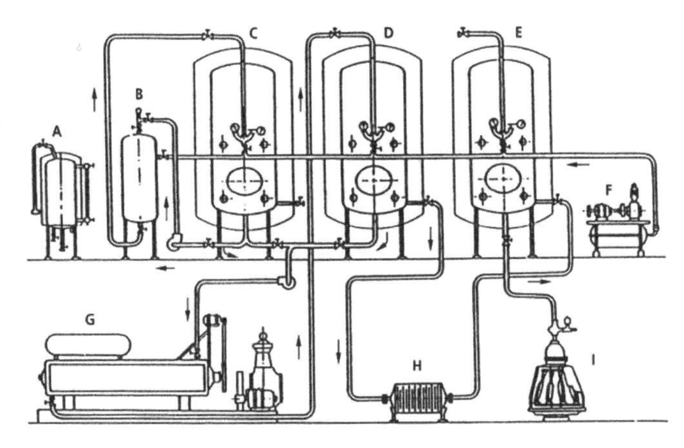

Figure 14.1 — Schéma d'une installation pour l'élaboration des vins mousseux en cuve close. A : cuve de préparation de levain; B : cuve permettant les diverses additions nécessaires, munie d'un système de mélange; C : cuve de fermentation sous pression; D : cuve de réfrigération; E : cuve de tirage; F : compresseur d'air pour soutirage isobarométrique; G : groupe de réfrigération; H : filtre; I : tireuse.

[그림 7-9] 폐쇄형 방식 스파클링 와인 제조법(Traité d'oenologie)

일반적으로 스파클링 와인의 향기와 맛은 화이트/로제 와인과 유사한 점이 많습니다. 다만, 가스 충전 기간이 긴 리숙성(Elevage sur lie) 방식을 사용하는 샴페인들은 효모의 가용 성분(단백질, 인지질 등)이 와인 속에 녹아들어 특유의 효모에 의한 발효취나 토스트 같은 향을 강하게 나타냅니다.

6. 주정 강화 와인(Vin de liqueur)

일반적인 드라이 와인은 포도즙 속의 당분들이 알코올로 전환된 후 자연적으로 발효를 멈추며 만들어집니다. 효모들은 약 15~16%까지 알코올에 내성을 가지고 있어 이 이상의 알코올 함량을 넘는 와인은 흔하지 않습니다. 그러나 주정 강화 와인은 발효 전 고농도로 증류된 알코올을 포도즙에 첨가함으로써 발효를 억제시키거나 조기에 종료시켜 생산된 높은 알코올과 잔당을 지닌 강하고 달콤한 와인입니다.

유리병과 코르크를 이용한 장기 보관 기술이 없었던 시절, 와인은 담근 후 변질(산화)되기 전까지 소비해야 하는 술이었는데 남부지방에서 더운 날씨로 인하여 저장 기간이 더욱 짧아지다 보니 이러한 단점을 보완한 와인이 필요하게 되었고 이를 해결하고자 와인의 알코올의 함량을 인위적으로 높여 미생물의 증식과 산화를 억제하고 보관성을 향상시켰던 것입니다. 이는 알코올이 강하면서 저장성이 좋고 상대적으로 부피가 작아 지중해의 항구와 해안가 지역에서는 뱃사람들의 고된 장거리 항해의 노고를 달래주기 위해 적합한 술로 위치를 굳히게 됩니다.

세계의 3대 알코올 강화 와인이라 불리는 포르투갈의 '포트(Port)'와 '마데이라(Madeira)' 그리고 스페인의 '셰리(영 : Sherry, 불 : Xérès)'를 비롯하여 이탈리아 시칠리아 섬의 '마르살라(Marsala)', 스페인 안달루시아 지방의 '말라가(Malaga)'를 비롯하여 프랑스에서 생산되고 있는 유명한 로드비(L'eau de vie : 과실을 증류해서 만든 브랜디)인 꼬냑(Cognac)을 첨가해서 만든 '피노 드 샤랑뜨(Pineau de charante)', 아르마냑(Armagnac)을 첨가해서 만든 가스꼬뉴(Gascogne)의 명품 '플록 드 가스꼬뉴(Floc de gascogne)', 막방 듀 쥬라(Macvin du Jura) 등이 이러한 와인 VDL(Vin de Liqueur)에 속합니다.

이들은 일반적으로 화이트 품종으로 생산되며 특유의 산화된 향취 말린 자두, 아몬드, 벌꿀 등의 복합적인(Complex) 향미를 뿜으며 식전주로도 좋지만 달콤한 디저트와 잘 어울립니다. 특히 다크 초콜릿과 함께 마신다면 입안에서 초콜릿이 폭발하는 경험을 가질 수 있으며, 특유의 저장성 덕에 50년 숙성을 기본이고 품질과 저장 상태에 따라서는 100년 이상도 보관이 가능합니다.

읽/을/거/리 1 VDN(Vin Doux Naturel : 방 두 나뛰렐)

Vin de Liqueur(방드 리커 : 주정 강화 와인)는 발효 전이나 중간, 혹은 종료 후에 주정이나 브랜디를 넣은 와인으로 정의되는 반면, Vin Doux Natural(방 두 나뛰렐)은 VDL 중에서 조금 더 까다로운 품질 규정을 준수한 와인입니다. 양조 원리는 비슷하지만 약간 다른 이들은 프랑스 남부 '랑그독 후시용(Languedoc-Roussillon)' 지역을 중심으로 오래전부터 생산되고 있는데 이 지역은 스페인과 국경을 맞대고 있는 만큼 프랑스인의 눈으로 본다면 아주 이국적인 정취를 물씬 풍기고 본토 언어(Française)와는 완전히 다른 특유한 방언인 카탈란(catalogne)어를 사용하는 지역입니다.

이곳에서 생산되는 VDN은 VDL과는 다르게 포도 품종, 단위면적당 포도의 수확량, 포도즙의 당분 함량, 첨가되는 로드비(L'eau de vie : 과실을 증류해서 만든 브랜디)의 종류과 알코올 함유량 등을 엄격하게 통제하여 최상의 알코올 강화 와인을 생산하고 있습니다. 이 중 특히 첨가하는 브렌디의 알코올 함량은 96% 이상으로 VDL 등이 정하는 70~80%보다 더 순수한 브랜디를 사용해 완성된 와인에서 농축도가 떨어지지 않도록 하였습니다.

제조 중인 VDN

7. 산막 와인(Vin sous voile)

산막 와인이란 와인 양조 중에 산막 효모에 의한 숙성작용을 거쳐서 생산되는 와인으로 대표적인 것으로는 스페인의 세리, 프랑스의 방 존 등이 있습니다. 세리는 일반인들에게는 주정 강화 와인으로 알려져 있지만 실제 Oenologie 상에서는 산막 와인으로 분류됩니다.

• Jerez(스)-Xérès(불)-Sherry(영)(세리 와인)

세리 와인은 95% Palomino 5% Pedro Ximennez 품종을 수확 후 혼합하여 생산합니다. 1차 발효 후 15~16%까지 알코올 농도를 높이고 'Botas'라 불리는 600L의 저장 용기에서 1/6가량을 비운 채 숙성을 시작합니다. 이때 발생한 산막 효모 'Crianza de flor' 아래서 생물학적, 화학적 숙성 후 Solera(솔레라) 시스템 방식으로 숙성시키며 와인은 산막 효모에 의해서 알코올, 글리세롤과 아미노산이 감소하는 대신 아세트 알데히드(Ethanal), 소토론(Sotolon), 젖산이 생성되어 복합적인(Complex) 향미를 지니게 됩니다.

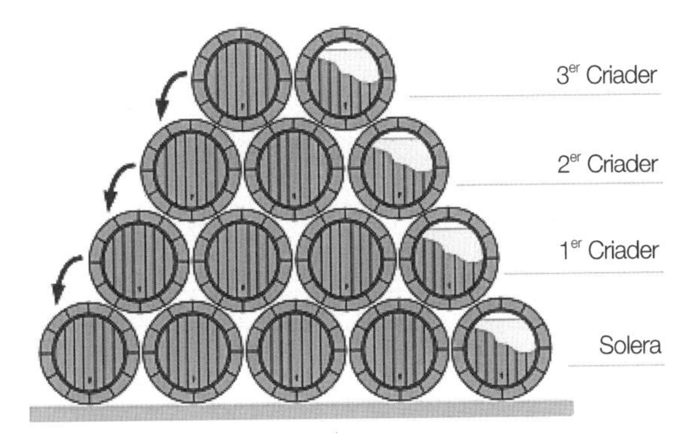

[그림 7-10] Solera 시스템

• 방 죤느 (Vin Jaune, Yellow wine : 영)

싸바니엥(Savanian) 단일 품종으로만 228L 오크통 안에서 75개월 동안 숙성하며 와인의 표면에는 얇은 효모막이 표면에 접촉하는 산소를 차단해 주며 숙성이 진행됩니다. 숙성 기간 동안 총 38%가 손실되며 이 때문에 750ml의 병 대신 620ml짜리 끌라블랭(Clavelin) 병에 넣어집니다. 에탄올의 산화로 인한 에탄알과 디 에틸 아세탈(Diethyl acetal), 소토론 등의 특징적인 향인 카레나 견과류 등의 향취를 보여 줍니다. 이를 가리켜 노란 맛(Yellow taste)이라고 표현합니다.

[그림 7-11] 숙성중인 Vin Jaune

참고문헌

Le goût du vin : Emile Peynaud, Jacques Blouin

Traité d'oenologie - tome 1 Microbiologie du vin. Vinifications, : Pascal Ribéreau-Gayon, Denis Dubourdieu, Bernard Donèche, Aline Lonvaud

Traité d'oenologie - tome 2 Chimie du vin. Stabilisation et Traitements : Pascal Ribéreau-Gayon, Yves glories, Alain Maujean, Benis Dubourdieu

Educvin : votre talent de la degustation : Jean-Claude Buffin

L'école de la dégustation : Pierre Casamayor

L'oenologie : Colette Navarre, Françoise Langlade

Les parfums du vin : Rrichard Pfister

PART

주요 와인 용어

The Secret of Good Wine

주요 와인 용어

The Secret of Good Wine

A

- Abricot(아브리코) : 살구, 완숙된 비오니에, 샤르도네 등으로 양조된 화이트 와인의 향기 중 하나
- Acetaldehyde(아세트알데히드) : 소량의 아세트알데히드는 부케(bouquet : 3차 향)의 한 종류지만 과다한 경우는 조기 산화가 진행된 것으로 판단한다.
- Acide acetique(아시드 아세틱) : 초산, 와인에 포함되어 있는 주요 휘발산으로 주로 박테리아의 작용에 의해 생성되며 과다한 경우에는 자극적인 신맛(식초)을 낸다.
- Acidité(아시디떼) : 산도, 와인에 신선도와 청량감을 주는 필수적인 요소. 산도가 너무 높으면 와인이 시어지고, 너무 낮으면 와인의 맛을 밋밋(Plat)해진다.
- Acidulé(아시듈레) : 새콤한, 생기 있고 청량감 있는 드라이 화이트 와인이 주는 산미
- Aération(아에라시옹) : 부숑을 연 상태에서 일어나는 공기와 와인과의 접촉(산화)작용 혹은 카라프에 따라 공기와의 접촉을 최대로 하여 향과 맛을 풀기 위해 하는 과정. 주로 생산된 지 얼마 되지 않은 장기 숙성용 와인을 마실 때 사용됨 (영) Breathing
- Agressive(아그레시브) : 공격적인, 산도나 타닌감이 매우 강해 입안에 거친 자극을 주는 상황
- Agrume(아그륌) : 감귤류, citrus fruits 화이트 와인의 향기 중 레몬, 라임, 오렌지 등을 총칭함
- Amer(아메르) : (맛이) 쓴, 부정적인 의미로 자주 쓰이는 단어로, (저급)타닌이 과다한

와인이 이러한 느낌을 주는 경우가 많다.

- Ample(앙플) : 풍부한, 농축도가 좋은 와인을 지칭하며 일반적으로 균형이 잘 잡히고 향기가 풍부하고 색깔이 진한 경우를 지칭함
- Antioxidant(안티 옥시덩) : 항산화제, 아스코르빈산, 아황산 등과 같이 포도즙(Moût)과 와인에 산화되는 것을 방지하기 위해 첨가함
- AOC 원산지 품질 표시제(Appellation d'origine controlée) : 1935년에 INAO(국립 원산지 명칭 관리기관)의 주관하에 설립되어 전 세계의 원산지 표시 체제의 모델이 됨. 특정 지역명을 사용하려면 포도의 원산지, 포도 품종, 와인의 알코올 도수(TAV), 단위면적당 생산량, 그리고 재배 방식 등이 해당 AOC의 기준을 따라야 한다. 프랑스 와인의 품질등급을 표시하는 최상위급
- Aromatique(아로마티크) : 향미(과실 향 등)가 강렬하게 느껴짐
- Acide ascorbique(아시드 아스코르빅) : 비타민 C, 아황산과 함께 사용하는 항산화제 보조제
- Assemblage(아상블라쥬) : 배합, 원산지가 같은 여러 와인을 적당한 비율로 혼합하는 과정 blending(영)
- Attaque(아딱) : 공격, 와인이 입에 접촉할 때 느껴지는 감각

B

- Barrel-fermented : 화이트 와인의 알코올 발효가 오크통에서 진행되는 경우에는 스틸 양조통에서 발효된 와인보다 일반적으로 풍만감(Moelleux)과 부드러움 (Rondeur)이 더 높으며 샤도네로 생산된 부르고뉴(Bourgogne)의 몽라셰(Montrachet)나 꼬똥 샤를마뉴(Corton Charmagne)가 대표적인 예이다.
- Beurre(뵈르) : 버터, 참나무통에서 젖산 발효되거나 리숙성(Elevage sur lie) 공법을 적용한 화이트 와인에서 느낄 수 있는 유취(Lacte)이다.
- Blanc de noirs(블랑 드 누아) : 적포도로 만든 화이트 와인을 의미하며, 주로 피노느와로 만들어지는 화이트 샴페인을 지칭한다.
- Blanc de blancs(블랑 드 블랑) : 백포도로 만든 화이트 와인을 의미하며, 주로 샤르도네로 만들어지는 화이트 샴페인을 지칭한다.

- Boisé(부아제) : 나무(오크) 향이 나는, 오크통에서 발효 혹은 숙성되어 나무의 특성이 잘 나타나는 와인 (영) Oaky
- Botrytis(보트리티스) : 귀부화를 진행시키는 곰팡이 botrytis cinerea를 지칭함
- Brut(브뤼) : 주로 스파클링 와인의 당도를 묘사하는 경우에만 사용하는 용어로 당이 거의 없는 경우를 말한다. Brut, Sec, Demi-sec, Doux의 순서로 당이 적음에서 많음으로 표기

C

- Cabernet Sauvignon(까베르네 소비뇽) : 세계 각 지역에서 생산되는 대표적인 양조용 적포도 품종. 색이 진하고, 탄닌이 많이 함유되어 있으며, 체리, 블랙체리, 블랙 커런트와 라즈베리 등의 과일 향과 민트, 삼나무, 피망 등 식물성 향과 숙성 향으로는 담배(tobacco) 향 등을 나타낸다.
- Acide carbonique : 탄산, 와인에 용해되어 있는 이산화탄소, 주로 와인에 청량감을 준다.
- Caoutchouc(카우축) : 고무, 황을 포함한 성분으로 인해 와인에 나타나는 결점(냄새)
- Cassis(카시스) : 까막까치밥나무 열매, 블랙커런트, 카베르네 소비뇽 혹은 메를로, 시라, 카베르네 프랑 등의 흑포도 품종에 자주 나타남
- Cave(꺄브) : 주로 지하에 설치되어 있는 와인 저장고, 개별 포도원이나 공동 생산조합을 뜻하기도 함
- Caudalie(꼬달리) : 와인을 삼키거나 뱉어낸 이후에도 계속되는 와인의 미각, 후각적 자극의 길이를 측정하는 단위 1caudalie =1초
- Chai(셰) : 양조장/작업장, 프랑스 보르도 지역에서 지상에 설치되어 있는 와인 생산 시설을 갖춘 건물을 이르는 말
- Chaleureux(샬뢰뢰) : 열기의 알코올을 풍부하게 함유하고 있어 마실 때 열기를 주는 와인. 향기가 강하고 농밀한 레드 와인을 묘사
- Chapeau(샤뽀) : 모자, 와인의 알코올 발효 시 Marc(포도 껍질을 포함한 고형분)가 모자처럼 포도즙 위로 떠오르는 모습에서 유래함
- Charnu(샤르뉘) : 살찐, 두둑한, 과일 향이 풍부하고 농밀한 느낌을 주는 와인을 묘사

- Chaptalization(찹탈리자시옹) : 가당, 와인의 알코올 수득량을 올리기 위해서 포도즙에 설탕을 첨가하는 작업, 1801년 프랑스 농림수산부 장관이던 Chaptal의 이름에서 유래됨, 유럽 와인 생산 국가들에서는 지역에 따라 허용치가 다름
- Chateau(샤또) : 주로 프랑스 보르도 지역에서 많이 쓰이는 표현으로 양조장을 지칭
- Claret(끌라레) : 보르도의 색이 연한 레드 와인을 일컫는 영어. 불어 표현 Clairet와 같은 어원을 가짐
- Climat(끌리마) : Terroir, 토양의 본질을 나타내는 최소 단위면적과 그 구성 성분, 1763년 탱튜리에 사제가 처음으로 사용한 이 단어는 부르고뉴 포도원마다 나타내는 개성을 설명한다.
- Clos(끌로) : 부르고뉴의 고유 명칭으로 중세 시대의 영주나 수도원 소유의 재배지로 3면이 담으로 쌓여 있는 포도원. 많은 포도원의 담이 소실되었으나 아직도 그 '명칭(Clos)'의 혜택을 받고 있다. 그러나 최근에 인위적으로 담을 쌓아 만든 포도원들은 그 고유 명칭(Clos)를 사용할수 없다.
- Collage(꼴라쥬) : 청징, 벤토나이트 또는 달걀흰자 등의 청징제를 사용하여 와인 중에 있는 부유 물질들을 제거하는 과정 (영) Fining
- Complexe(콩플렉스) : 다양한, 복합적인, 다양하고 풍부한 아로마를 선사하는 와인. 주로 1, 2, 3차 향이 잘 복합되어 'Grand vin'의 구분을 가능하게 해주는 기준
- Confiture(콩피튀르) : (과일)잼, 와인의 무르익은 과실 향을 나타내는 표현
- Corps(코) : 몸체, 풍만감으로 인해 입안에서 느껴지는 무게 혹은 농도의 느낌 (영) body
- Crémeux(크레뫼) : 크림 같은, 와인의 질감이 부드럽고 기름지거나 유취(Lacte)를 함유
- Cru bourgeois(크뤼 부르주아) : (보르도 메독) 1855년 등급에 들지 못한 포도원 중에서 우수한 포도원에 최상등급 포도원보다 한 등급 밑의 포도원
- Cru classe(크뤼 끌라세) : 프랑스에서 일정 지역이나 AOC 안에서 생산되는 와인의 품질을 구분하기 위한 순위 등급
- Cuvée(퀴베) : 원래는 특정 cuve나 vat의 와인을 의미하였으나 최근에는 최종 블렌딩 후, 와인의 최종 결과물을 지칭. Champagne 제조 과정과 관련해서는 5톤의 포도에서 최초 착즙한 포도즙(Mout) 2050L를 일컫는 말. Tete de cuvée(뗏 드 큐베)는 생산자의 최상품을 의미
- Cuve (큐브) : 발효 과정에서 사용되는 양조통과 탱크. Cuvee와 다른 의미

- Cuvaison(뀌베종) : 레드 와인이 Marc(포도 껍질과 씨 등 고형질)와 함께 알코올 발효 기간를 거치는 기간

D

- Dégustation a l'aveugle(데규스따시옹 아 라뵈글) : 와인에 대한 모든 정보가 비공개 되는 테이스팅 (영) Blind tasting
- Domaine(도멘) : 주로 프랑스 부르고뉴 지방에서 포도원을 이르는 말. Cf. Cru, clos, chateau
- Degorgement(데고르쥬멍) : 스파클링 와인(특히 샴페인) 생산 과정의 한 단계. 병목 부분을 급속 냉각시킨 상태에서 뚜껑을 제거함으로 병목에 모인 침전물을 빼내는 작업
- Débourbage(데부르바쥬) : 압착된 화이트 와인 포도즙이 발효되기 전에 거치는 정화 과정
- Doux(두) : 부드러운, 달콤한, 당분과 풍만감이 높아 입안에서 부드러운 느낌을 주는 와인

E

- Egrappage(에그라빠쥬) : Cuvaison 과정 전에 포도 과경을 제거하는 과정. 과경은 거친 탄닌과 식물성 향취(Végétal)을 주기 때문에 일반적으로 제거한다.
- Eau-de-vie(오드비) : 과실주를 증류하여 만든 브랜디. 대표적으로 AOC 꼬냑(Cognac). 아르마냑(Armagnac) 등이 있다.
- Elégant(엘레강) : 우아한, 품질이 우수하고 섬세하며 균형 잡힌 와인을 표현하는 주관적인 용어
- Elevage sur lie(엘바쥬 쉬르 리) : 리 숙성, 화이트 와인의 발효 과정이 끝난 후 여과 과정을 거치지 않고 그대로 죽은 효모와 함께 숙성시키는 방법 (영) On the lees
- Epicé(에피세) : 향신료, 특정한 품종(그르나슈)으로 생산되거나 나무통에서 발효되고 숙성된 와인이 나타내는 여러 가지 향신료 향(후추, 정향, 아니스, 샤프란 등)

- Equilibré(에퀼리브레) : 균형, 와인의 산도, 풍만감, 구조감 요소들의 조화. 여운감(Persistance)과 함께 좋은 와인을 결정짓는 중요한 요소 (영) Balance

F

- French paradox(프렌치 패러독스) : 프랑스인들의 높은 콜레스테롤 섭취에도 불구하고 심장병으로 인한 사망률이 낮은 사실은 와인의 심혈관 질환의 억제작용 때문이라는 연구 결과
- Filtration(필트라시옹) : 여과, 포도즙 또는 와인에서 원치 않은 물질들을 제거하는 과정. 미생물이나 화학적으로 불안정한 요소들을 제거하여 안정된 와인을 만들기 위한 과정이다.
- Fin(팡) : 고운, 세련된, 와인의 품질이 우수하고 정련된 것을 주관적으로 표현
- Frais(프래) : 청량감, 풍부한 과실 향과 적절한 산도로 인해 산뜻한 청량감을 주는 와인
- Floral(플로럴) : 꽃향기의, 추운 지방에서 생산된 와인 중에는 특히 가벼운 꽃향기가 풍부한 와인이 많다. 제비꽃 향(숙성된 보르도 와인), 장미 향(게뷔르츠타미너)
- Fruité(프뤼테) : 과일 향이 풍부한, 좋은 과일 향이 풍부하게 느껴지는 와인
- Fruits tropicaux(프뤼 트로피코) : 열대과일, 파인애플, 바나나, 리치, 망고 등의 향

G

- Gibier(지비에) : 사냥감, 야생 고기, 장기간 완숙된 부르고뉴의 피노느와나 론의 시라 같은 절정기에 다다른 와인에서 나타나는 동물성 부케(Bouquet)
- Gouleyant(굴레양) : 담백한, 부담 없이 마시기 좋은 와인. 과일 향이 풍부하면서 청량감 좋은 레드 와인
- Grand(그랑) : 커다란, 대단한, 일반 와인의 범주를 벗어나는 걸작품을 지칭
- Grand cru(그랑 크뤼) : 독특하고 품질이 뛰어난 원산지 또는 그 생산품. 프랑스에서는 순위 등급을 정하는 카테고리로도 칭하여 짐

H

- Hydrogen sulphide(이드로젠 설피드) : 황화수소, 수소가 아황산과 반응하여 발생되는 상한 달걀, 양배추 냄새
- Hectoliter(헥토리터) : 100리터. 약 22갈론
- Hectare(헥타르) : 2.47에이커, 3030평
- Herbacé(에르바세) : 풀의, 식물성, 완숙도가 떨어지는 포도로 생산되거나 양조 중의 문제점(화이트 와인의 압착 방법)으로 인해서 드러나는 결점

I

- Ice wine(아이스 와인) : 독일과 캐나다에서 생산되는 대표적인 스위트 와인, 늦 수확을 기다리던 포도들은 서리나 눈이 날리는 추운 날씨에 얼게 되고, 이 포도들을 영하 7~8도의 언 상태에서 거두어 들여지며 바로 압착된다. 포도 내의 잔여 수분은 얼어서 고형 물질로 압착기에 남게 되고 진한 추출액으로는 응축도가 높은 와인을 얻는다. (독) Eiswien

L

- Levure(르뷔) : 효모, Saccharomyces cerevisiae가 주로 와인 양조에 사용되며, 빵 냄새를 연상시키는 향을 표현하기도 하며 샴페인이나 리 숙성(Elevage sur lie) 공법을 적용한 화이트 와인에 나타남 (영) Yeast
- Lie(리) : 발효 과정 중에 탱크 바닥에 가라앉는 침전물, 부르고뉴나 AOC pessac-leognan의 대부분의 화이트 와인은 이 침전물을 제거하지 않은 상태에서 숙성시킨다. Cf. Sur lies.
- Litchi(리치) : 리치(중국 원산의 과일), 열대 과일을 대표하는 화이트 와인의 향
- Lourd(루르) : 무거운, 와인의 진한 농도에 비해 산도가 부족하여 마시기 불편한 와인을 지칭하는 표현

M

- Fermentation malolactique : 감산 발효, 사과산을 부드러운 젖산으로 바꾸는 발효 과정. 이차 발효라고도 한다.
- Maceration(마쎄라씨옹) : 침용, 포도 껍질과 씨를 제거하지 않은 상태로 즙과 접촉시켜 포도 껍질과 씨에 있는 색소, 탄닌, 향을 추출하는 기법
- Acide Malique : 사과산. 와인에서 볼 수 있는 산으로 강산이며 자극적이기 때문에 좋지 않은 미감을 준다. 감산 발효라고 부르는 과정을 통해 제거된다.
- Maitre de chai(매트르 드 세) : 포도주 양조 책임자, 프랑스에서 와인 양조장의 총책임자를 이르는 말. (영) cellar master.
- Merlot(메를로) : 대표적인 흑포도 품종, 껍질이 얇고 포도알이 큰 흑포도 품종은 점토질의 토양과 서늘한 기후에서 잘 자란다. 체리, 꿀 그리고 종종 민트 향이 나며 탄닌 성분도 다른 와인들에 비해 적은 편에 속한다.
- Methode champenoise(메또드 샹쁘느와즈) : 고급 스파클링 와인은 만드는 전통적인 샹파뉴의 방법. 이 방법의 경우 거품 생성이 병 안에서 이루어진다. 샹파뉴 이외의 지역에서 이 방법을 이용하여 스파클링 와인을 만들면 Methode traditionnelle(메또드 트라디쇼넬)이라고 한다.
- Millesime(밀레짐) : 와인의 생산 연도 (영) Vintage
- Mousse(무스) : 무스, 스파클링 와인의 거품
- Marc(막) : 와인의 알코올 발효 중에 생성되는 부산물(포도 껍질, 씨앗 등)을 총칭함 (영) Pomace
- Minéral(미네랄) : 미네랄, 비교적 차가운 지방인 샤블리의 샤도네나 루아르의 소비뇽 블랑으로 생산된 와인에서 잘 나타나는 짜지 않은 소금 느낌
- Mou(무) : 맥빠진, 무른, 산도가 부족하여 느끼한 상태의 와인을 지칭하는 부정적인 용어
- Mûr(뮈르) : (과일이) 무르익은, 완숙된 포도로 제조되어 시럽이나 잼과 같은 뉘앙스를 주는 와인

N

- Negociant-eleveur(네고시앙 엘르베어) : 포도나 포도즙, 발효가 종결된 와인을 사서 숙성 병입하여 판매하는 사람을 지칭하는 말. 프랑스 부르고뉴 지역에 많다.
- Negociant(네고시앙) : 와인 유통 상인을 지칭하였으나 최근에는 포도원을 소유하고 직접 와인을 만들기도 한다.
- Nerveux(네르뵈) : 신경 거슬리는, 신맛이 강해 자극이 강한 와인
- Net(네) : 명백한, 단순한, 원재료나 양조 상의 결점이 없어 잡취/잡미가 없는 와인을 표현

O

- Oxidative(옥시다티브) : 산화취(아세트 알데히드, 아세톤 등)가 혀와 코로 직접 감지되는 경우. 다른 향기 성분들과의 균형 정도에 따라 버터 향, 비스킷 향, 매콤한 향에서부터 견과류 향 등 다양한 향과 맛으로 느껴질 수 있다.
- Oxidation(옥시다시옹) : 산화, 산소와의 지나친 접촉으로 인한 와인의 노쇠를 의미
- Oenologue(에놀로그) : 양조학자, 와인에 관한 학문을 연구하는 사람. 포도 재배와 양조 과정 전반에 걸친 조언을 한다. (영) Oenologist

P

- Pain grillé(빵 그리에) : 토스트, 샴페인이나 리 숙성(Elevage sur lie) 공법을 적용한 화이트 와인에 잘 나타남
- Parcelle, parcel(빠셀) : 구획, 포도밭 토지 한 구획
- Pasteurization(파스퇴리자시옹) : 저온 살균법, 와인 변질에 기인하는 박테리아를 저온에서 살균하는 기술.
- Petrol, petrolly(페트롤) : 오래된 병 숙성을 거친 리슬링 품종에서 나타나는 숙성된 석유나 벤젠을 연상시키는 부케

- Phylloxera(필록세라) : 19세기 말에 미 대륙에서 전파되어 유럽 대부분의 포도밭을 황폐화시킨 해충. 아직까지도 이 해충의 피해를 입지 않은 곳도 있으나(남미 지역 등), 현재는 면역성이 있는 미국산 포도나무 뿌리에 원 품종의 가지를 접목하여 재배되고 있다.
- Pigeage(삐자쥬) : 와인의 색을 더 진하게 하고 적정 한도 내에서 추출물을 최대화하기 위해서 발효 중에 위로 떠오르는 적색 포도의 껍질을 밑으로 가라앉히는 작업 (영) Punching down
- Piquant(삐캉) : 톡 쏘는, 자극적인, 향신료 향이 강해 자극적인 뉘앙스를 가지는 와인을 표현하는 용어
- Pinot noir(삐노 누아) : 연한 적색을 띠고 숙성이 덜 된 상태에서는 체리, 자두, 라즈베리와 딸기 등의 보다 단순한 과일 향을 갖지만, 숙성이 되면 초콜릿, 야금육, 자두, 훈제 향, 송로 향과 제비꽃 향과 같은 복합적인 향을 가지는 품종이다. 샹파뉴 지역을 제외하고는 단일 품종으로 사용되나 유전적으로 불안정한 특성을 지녀, 쉽게 변종이 생성되며 일정한 품질의 와인을 생산하는 것이 어렵다.
- Poivre noir(뿌아브르 느와) : 검은 후추, 프랑스 남부지방, 특히 발레 뒤 론 지역의 그르나슈로 제조한 와인의 특징
- Pourriture noble(뿌리튜 노블) : 귀부 현상, 보트리시스 시네리아균에 의해서 포도의 당분과 유기 성분이 농축되는 현상
- Primeur(프리뫼) : 햇술, 숙성이 덜 되었거나, 막 만들어낸 햇술의 상태에서 파는 와인을 지칭, 보르도 지방에서는 선물 시장에서 거래되는 숙성이 덜 된 와인을 지칭하는 데 사용되는 용어이다.
- Puissant(퀴상) : 강력한, 알코올을 풍부하게 함유하고 있으며 묵직하고 강한 와인을 표현함

R

- Remontage(르몽타쥬) : 포도의 색, 탄닌을 최대한 추출해 내기 위해 발효 중인 탱크의 하단에서 뽑아낸 와인을 상단에 다시 부어 넣는 작업, (영) Pumping-over
- Remuage(르뮈아쥬) : 샴페인 생산 방법의 주요한 과정 중 한 단계. 병을 규칙적으로

진동, 회전시켜 2차 발효 중에 생긴 고형물(주로 효모 찌꺼기)을 병목에 모이게 하는 작업

- Riche(리슈) : 풍부한, 맛이 풍부한 와인 (영) Rich
- Rose(로즈) : 장미, 테르펜 계열의 알코올에서 유래한 와인의 향기

S

- Sec(섹) : 드라이. 풍만감을 이루는 요소(글리세롤, 알코올, 당분)가 매우 낮아 미각적인 요소가 느껴지지 않는 상태의 와인
- Souple(수플) : 부드러운, 유연한, 좋은 질감을 지닌 타닌으로 인해 마시기 편한 와인
- Soutirage(수티라쥬) : 통갈이, 발효통이나 숙성통에서 다른 통으로 와인의 맑은 부분만을 옮기는 작업. 침전물을 제거하거나 와인에 산소를 공급하기 위한 목적도 있다. (영) Racking
- Structuré(스트뤽튀레) : 산도, 구조감(탄닌, 폴리페놀), 풍만감(글리세롤, 알코올, 당분) 중 특히 타닌과 폴리페놀의 품질이 우수하여 좋은 구조감을 지닌 와인을 표현
- Subtil(쉬브틸) : 섬세한, 미묘한, 와인의 품질이 우수하고 세련된 것을 주관적으로 표현
- Sulphur dioxide(so2) 아황산 : 와인에 사용되는 대표적인 항산화제

T

- Vin de table(테이블 와인) : 프랑스 최하 등급에 위치한 와인, 혹은 등급과 상관없이 매일 식사 때에 음식과 함께 마시기 좋은 와인 (영) Table wine
- Tanin(탄닌) : 포도의 씨, 껍질, 그리고 줄기 또는 오크통의 재료가 되는 참나무에 포함되어 있는 페놀 성분으로 와인 생산 과정을 통해 와인에 유입되는 성분이다. 탄닌이 많은 경우에는 덜 익은 감을 먹었을 때와 같이 입이 마르고 텁텁한 느낌(Astringent)을 받게 된다. 탄닌은 안토시아닌과 결합하여 와인의 색깔을 안정화시키고 항산화제로서 저장성을 보다 향상시켜준다.
- Tannique(타니크) : 타닌이 지나친, 타닌이 지나치게 많아 균형이 무너진 와인

- Acide tartarique : 주석산, 와인에 포함된 3대 주요 산 중의 하나, 첨가가 법적으로 허용됨
- Tastevin(타스트뱅) : 주로 부르고뉴 지방에서 사용하는 시음용 은제 용기. 상인들이 직접 와인 저장고나 생산지를 방문했을 때 사용했던 것으로 깨지지 않고 휴대가 편해 선호되었던 것이다.
- Triage(티라쥬) : 스파클링 와인 양조 과정 중 거품을 발생시키기 위해 베이스 와인에 시럽(당분)과 효모를 첨가시키는 과정
- Terreux(떼뢰) : 흙냄새의, 지하실의 묵은 냄새

V

- Vanille(바니) : 바닐라, 발효 중에 생성되는 2차 향
- VDQS : 지역 특산주, Vin delimite de qualite superieure. 프랑스 와인 등급에서 AOC 등급과 Vins De Pays 등급 사이의 등급
- Végétal(베제탈) : 식물성의, 완숙도가 떨어지는 포도로 생산되거나 양조 중의 문제점으로 인해서 드러나는 결점, 피망, 세러리, 아스파라거스를 연상시키는 향을 지칭하는 부정적인 테이스팅 용어
- Vendange tardive(방당쥬 타디브) : 늦 수확, 늦게 수확한 당도가 높은 포도로 만든 와인, 대부분 스위트 와인이다 (영) Late harvest
- Vin de garde : 장기 숙성용 와인, 오래 보관하고 숙성시켜야 하는 와인, Primeur의 반대 개념
- Vin de pays(뱅드페이) : 프랑스 와인 등급에서 Vin De Table과 VDQS 등급 사이의 등급
- Vinification(비니피까시옹) : 양조, 와인을 생산하는 전 과정을 이르는 말
- Viticulture(비티귤뛰) : 포도 재배 전반을 일컫는 말
- Vitis vinifera(비티스 비니페라) : 전통적으로 와인 생산에 사용되는 유럽계 포도 품종을 이르는 학명. 대립되는 개념으로 주로 식용으로 재배되는 포도종 Vitis labrusca(비티스 라부르스카)가 있다.

- Acidite volatile : 휘발산, 와인에 함유되어 있는 초산과 초산이 주된 지방산, 주로 초산 박테리아의 식초화 작용에 의해 생성되며 너무 많이 함유된 경우에는 자극적인 신맛을 낸다.

The Secret of Good Wine

맛있는 와인의 비밀

과학으로 풀어보는 와인 시음 이론

초판 1쇄 인쇄 2016년 10월 22일
초판 1쇄 발행 2016년 10월 27일

저자 최해욱
펴낸이 박정태
편집이사 이명수
책임편집 조유민
마케팅 조화묵, 박명준, 최지성
경영지원 최윤숙
감수교정 정하경
편집부 김동서, 위가연
온라인마케팅 박용대, 김찬영
펴낸곳 광문각
출판등록 1991.05.31 제12-484호
주소 파주시 파주출판문화도시 광인사길 161 광문각 B/D
전화 031-955-8787
팩스 031-955-3730
E-mail kwangmk7@hanmail.net
홈페이지 www.kwangmoonkag.co.kr
ISBN 978-89-7093-816-5 93590
가격 16,000원